新时代好少年成长读本

你也可以了不起

迟 云 主编

苏美玲 著

明天出版社·济南

图书在版编目（CIP）数据

你也可以了不起 / 苏美玲著. —济南：明天出版
社，2020.5
（新时代好少年成长读本 / 迟云主编）
ISBN 978-7-5708-0623-2

Ⅰ. ①你… Ⅱ. ①苏… Ⅲ. ①青少年－健康教育
Ⅳ. ①G479

中国版本图书馆CIP数据核字（2020）第039337号

你也可以了不起

迟 云 主编
苏美玲 著

责任编辑：丁淑文　张　扬
美术编辑：赵孟利
封面绘画：麦浪工作室
内文插画：胡楚庭

出版人/傅大伟
出版发行/山东出版传媒股份有限公司
　　　　　明天出版社
地址/山东省济南市万寿路19号
http://www.sdpress.com.cn　http://www.tomorrowpub.com
经销/新华书店　印刷/济南鲁艺彩印有限公司
版次/2020年5月第1版　印次/2020年5月第1次印刷
规格/170毫米×240毫米　16开　6印张
印数/1-15000
ISBN 978-7-5708-0623-2
定价/25.00元
如有印装质量问题，请与出版社联系调换。 电话：(0531)82098710

在蓝天下，为孩子们厚植一块青草地

迟 云

"孩子的事情比天大。"对一个国家和民族来说，未成年人是未来和希望；对一个家庭来说，孩子寄托着全家人乃至几家人的期盼。

十年树木，百年树人。望子成龙、盼女成凤，希望孩子健康成长、快乐生活，是每一个家长朴素的愿望。愿望虽然美好，实现过程却很艰辛。将孩子生下来不容易，养大不容易，培养成有出息的人更难。

网上流行过这样一段话，大意是：生育孩子，不仅是为了生命的传递和延续，更是为了参与一个生命的成长。很多家长在交流的时候会说：不求孩子完美，不求孩子替我争脸，不求孩子为我传宗接代，更不求孩子养我的老，只要这个生命健康存在，在这个世界上走一遍，让我有机会和他（她）同行一段就行了。

但在现实生活中，更多家长面临的是"我宁愿欠你一个快乐的少年，也不愿看到你卑微的成年"和"唯恐孩子输在起跑线上"的焦虑，是孩子成长过程中遇到的这样那样的问题。

静下心来想一想，在孩子成长的过程中，有哪一个家长没有为自己的孩子操过心、生过气、担过忧，乃至流过泪呢？

对孩子而言，成长的过程也并不轻松。面对未来，他们能不能正确认识自己，为自己的人生树立一个正确的目标，为人生之路做好规划并且坚定勇敢地前行？能不能厘清自己的权利和义务，为自己的人生做好有担当有作为的准备？能不能在遭遇意外情况时做出正确的应对，保护好自己，使自己的人生避免波折？能不能了解道德在人类社会发展中的重要作用和地位，明白规则背后蕴藏的社会秩序和人生智慧？能不能正确处理男女同学间的关系，应对青春期的烦恼和困惑，在身体成熟的同时心智与情感一起成熟……

这些问题，每个孩子都会在成长过程中遇到，它们也在一定程度上影响着孩子人生道路的方向。现实中，不是所有孩子的身心发展情况都尽如人意。国内一所知名大学的老师曾经做过一个调查，竟然有30%的新生厌学，其中不少学生有严重的心理健康问题，患上了"空心病"，有些孩子甚至有强烈的自杀意念。毕业于北大的一个留学生，12年没回家过年，而且用万字书信控诉自己的父母。这些情况，都从一个侧面反映出了孩子成长中出现的问题和烦恼。

解决这些成长的烦恼，需要孩子们的自我体悟和突破，更需要家长和社会的教育与引导。家长们回想自己人生历程的时候，会不会有哪怕片刻的后悔或遗憾？如果当年听父母或老师的话，如果当时有人点拨或助推一下，如果当年我这么做而不是那么做，也许我的人生道路就会转向另一个航道，不会是现在这个样子。

人生不可能重来，也没有那么多假设。我们不希望上一辈人的遗憾在孩子身上重演，我们希望能很好地吸收借鉴别人的经验和教训。

为了解答困扰少年朋友们成长过程中的一些问题，我主持组织编写了这套"新时代好少年成长读本"，目的是尊重孩子的成长规律，因势利导，从人生理想、权利义务、人生价值、自我保护、社会道德、成长烦恼等方面，探讨少年朋友们在成长过程中所面临的种种问题，为少年朋友们正确地认识人生和社会解难释疑、提供借鉴。

愿少年朋友们沐浴着时代的阳光，全面发展，健康成长，纵情放飞灿烂的人生梦想。

目 录

引 子

　　田豆豆和田朵朵是一对双胞胎兄妹，12岁，同班同学，他们在公立实验小学读六年级。

　　哥哥豆豆长得帅气，非常懂事，做事专注，学业优秀，一直稳居班级前三名。他还经常干家务活，处处有小哥哥的范儿。他爱学习，喜欢动漫，是学校里国旗护卫班的班长，还是动漫社的副社长，每个学期都是三好生。

　　妹妹朵朵甜美可爱，像明星赵丽颖的翻版。她活泼聪明，性格大大咧咧，在家里有时还爱要赖皮，搞一些恶作剧来捉弄豆豆。豆豆被妹妹整得一点儿脾气也没有。在学习方面，朵朵不如哥哥刻苦，但是学习成绩也保持在班级前十名。

一、有梦想，谁都了不起

1　让梦想闪闪发光

　　新学期的第一次班会，班主任梅老师微笑着说："孩子们，今天班会的主题是'让梦想闪闪发光'。先说一说你们都有什么样的梦想吧！"

　　参加过 2019 年挪威夏季国际跳绳大赛的巩佩奇说："我最大的梦想就是锻炼好身体，更严格地训练，争取参加更多的国际比赛，为咱们班级争光。高三毕业，我就报考体育大学。大学毕业之后开一家高档的运动场馆，专门设立跳绳项目，让更多的小朋友参与进来，培养更优秀的体育健将。"

学习委员王淑田说："我最大的梦想就是做一名律师，伸张正义，还要为大家举办公益法制讲座，让更多人懂法守法。"

经常在全校文艺会演舞蹈节目中领舞的文娱委员饶怡宸说："我最喜欢跳民族舞，我的梦想是成为一名优秀的舞蹈家，把我们的民族舞推广到社区里去，让更多人都感受到舞蹈的魅力，活得更快乐。"

田豆豆说："我想做一名航母设计师，让咱们自己建造的航母守卫边防，再也不怕美国的抵制和打击。"

田朵朵说："我的梦想是做一名绘本作家，给小朋友们创作很多很多有趣的故事。"

张宇飞说："我想做一名航天员，巡逻在祖国上空，不辜负爸妈给我取这个名字。"

童一菲说："我的梦想是做幼儿园老师，陪伴小朋友快乐健康成长。"

……

同学们纷纷畅谈自己的梦想，说得激情澎湃。

看着自己的学生那一张张热情洋溢的脸，梅老师被深深感染了。最后，梅老师总结道："孩子们，你们的梦想都这么美好，有的崇高远大，有的淳朴无华，让老师好感动。马云曾说：'人可以十天不喝水，七八天不吃饭，两分钟不呼吸，但不能失去梦想一分钟。没有梦想比贫穷更可怕，因为这代表着对未来没有希望。'孩子们，为了你们的梦想，好好努力吧。抖音上有一首歌曲超级火爆，那首歌叫《满满的正能量》，经常听你们哼哼。同学们，现在我们大声唱出来吧——早晨起来，拥抱太阳，让身体充满灿烂的阳光，满满的正能量。嘴角向下，会迷失方向；嘴角向上，蒸蒸日上，满满的正能量。世上没有路，都是人开创，脚底板磨破了，道路就顺畅，满满的正能量……"

追逐梦想的人是最值得敬佩的。在校园里，随处可见这样的同学——课堂上，目光专注，汲取着老师教授的知识；自习课上，认真做作业，及时复习巩固；运动场上，英姿飒爽，汗水挥洒在跑道上，再累也坚持着不放弃……在每周的社团活动中，他们也在实践着心中的梦想，得到更多的锻炼。

梦想因执着追求而美丽。北大保安队副大队长张国强，来自河南洛阳农村，初中毕业后就到北京找工作，他的第一份工作就是进入北京大学当保安。他在做保安的同时，开始了学习之路，选择了自学考试，3年下来，取得了北大的大专学历。后来他又报考了清华大学法学和中央党校经济管理两个专升本专业。目前他已拥有清华和中央党校的两个本科学位，还拥有律师执业资格证，实现了人生的逆袭。

可见，梦想是成功的基石，是每个人飞向未来的翅膀！少年的你们，正值青春年华，就更应该拥有这么一双翅膀，助你飞得更高更远！

一个人拥有了梦想，如果没有付出努力，就不能摘取到成功的硕果。梦想的花朵需要心血来浇灌，梦想的明天需要坚强的意志去探索。就像每一朵花都向往五彩缤纷，若不够坚强就会被风雨无情地打落；就像每一只幼鹰都渴望搏击

长空，若翅膀不够坚硬就会跌入悬崖。

静下心来想一想：每一天，我都收获了什么呢？今天的我离目标更近一点儿了吗？希望每天叫醒我们的不是闹钟，而是梦想！梦想就像是一棵树，经历风雨，依然茁壮成长。有梦想，就有无限期待。有梦想，谁都了不起！

2 梦想可以不切实际吗

周一班会课刚开始，梅老师就宣布了一个好消息："下周五，田豆豆和李佳洋将去上海啦，要代表咱们学校参加'智能机器人编程创新大赛'全国少年组的决赛。让我们为这两位小帅哥加油吧。"教室里响起了热烈的掌声。

梅老师说："下面让田豆豆和李佳洋来说说感想吧。"

田豆豆说："能去上海参加这场比赛，我太激动了。学了两年编程，终于可以大展身手了。"

李佳洋来了个更响亮的回答："去上海只是我的一个小目标，我还有一个更宏伟的计划，就是去参加国际比赛，让外国人瞧一瞧，中国少年在机器人设计中的风采，少年强则国强。"

"好样的！但是去参加国际比赛很难啊，不切实际！"李佳洋的同桌肖肖站起来，又佩服又有点担心。

"这是个梦想，难道不切实际的梦想，就不能有吗？"李佳洋开始辩驳。

梅老师笑着说："孩子们，别着急，听老师来给你们讲两个故事吧。"

有一个小男孩特别喜欢看月亮，当皎洁的月光洒落在他家院子里时，他总是仰着头，大声喊："月亮，你快下来，陪我玩一会儿吧。"妈妈看着他天真可爱的样子，就笑起来："宝贝啊，月亮只能挂在天上，下不来的。"

小男孩歪着脑袋，脱口而出："月亮不下来，那我就去天上看它，看看它到底在天上干什么。"

多年后，这个男孩真的踏上了月球，他就是登月第一人——美国宇航员阿姆斯特朗。

还有一个小男孩，他家庭很贫困，从小就跟着他父亲在田地里摸爬滚打。有一天，他知道了埃及金字塔的故事，就对父亲说："长大了我要去埃及看金字塔。"父亲拍了拍他的头说："孩子！别做梦了。那可是埃及呢，太远啦，再说咱家里没钱，你凭什么去呢？"十几年过去，当那个男孩站在金字塔下，抬头仰望，心里默默地对父亲说："人生，没有什么能被保证！"

故事里的男孩就是台湾著名的散文家林清玄，他不仅亲眼看到了神奇的金字塔，而且出版了几十本书。

梅老师说："敢于大胆去想的孩子，才会有动力去实现梦想。你们知道吗？一块石头也有梦想呢。"

同学们都好奇地瞪大眼睛："第一次听说石头有梦想。老班，您就别卖关子啦，快给我们讲一讲这块石头吧。"

梅老师说："孩子们，我给你们找了一篇文章，我让李佳洋来读一下。"

李佳洋接过梅老师手中的打印资料，大声说："这篇文章的题目叫《当一块石头有了梦想》，各位同学，要好好听呀。"

有一名叫薛瓦勒的乡村邮差，每天骑着自行车奔走在乡间的小道上，给社区的人家送信件，日子过得很平静。

有一天，在送信的路上，薛瓦勒被一块石头绊了一下。当他站起来去踢那块石头时，发现那块石头的外形非常奇特，他的脑海里继而出现了一个念头：我要用这样的石头建造一些城堡。他被自己的这一想法深深打动了。于是，他每天除了送信，就是找石头运石头。由于自行车只能装很少的石头，他改用独轮车送信，尽管周围都是不解和嘲笑的目光，可他仍是白天捡石头，晚上垒城堡……

当薛瓦勒老了以后，他的城堡群也终于建成了，连当时的艺术大师毕加索都前去参观。他的城堡后来成为法国著名的游览景点——邮差薛瓦勒之理想宫。

薛瓦勒曾经说："当一块石头有了梦想，一切没有不可能！"也许这些梦想有点不切实际，但让人有了前行的动力，愿意为之付出百倍的努力，这样子，才会有奇迹出现……

等李佳洋声情并茂地读完，梅老师说："孩子们，梦想可以很大很大，可以不切实际。在当今这个充满机会和变数的社会里，任何事情都是可能发生的，包括在你或他人看来不可思议的事情，关键是你能否把看似不切实际的梦想付诸行动，将梦想进行到底，脚踏实地地去实现它。"

3 追梦就要特立独行吗

　　毛苗苗一进教室，立刻就让班里的女生不要做作业啦，并得意地说："看看你们的苗姐姐，是不是很有'御姐范儿'？"几个女生围到毛苗苗身边，仔细观察着，只见她那乌黑乌黑的假睫毛上下跃动，差不多触到了眼睑。嘴唇涂得猩红。上身穿浅蓝色校服，下身穿牛仔洞洞裤，有点不伦不类。她们围着毛苗苗，连连惊叹："你把黑长发染成了葡萄紫啦！你抹口红啦！你这假睫毛真长啊！你胆子真大！"

　　"这叫追求时尚，做个美妆网红就是我的梦想。"

　　几个女生一致比心点赞："厉害厉害啊，志向远大。"

　　张婷婷皱起眉头，小声嘀咕："只是不知道你这打扮，能不能长久保持下去。学校和班主任一直三令五申不能奇装异服的。等班主任来，一会儿有可能让你去办公室呢。"

　　毛苗苗听了，反驳道："我不怕。在追求梦想的道路上，就要勇敢一点儿，要做一个特立独行侠，别人再怎么阻挡也不畏缩。要想当美妆网红，从现在就要练习自己的化妆技术，这是我实现梦想的第一步。"说完，她一甩长发，打了一个响指，踩着模特步，一扭一扭走到座位上。

　　正如张婷婷所言，班主任刚进教室，立马就注意到毛苗苗的异样，一脸严肃地说："毛苗苗，你来一下。"

　　"说一说吧，你怎么想到化这么浓艳的妆啊，这不适合你。"

毛苗苗解释说："老师，这几天你们一直在讲梦想啊希望啊，我梦想的小火苗也被点燃了。我想当个了不起的化妆师，想时刻准备着嘛，就先在自己脸上做试验。老师，你看看，还不错吧？"说完，毛苗苗对着班主任耍赖皮。

"有梦想，这是一件很好的事情。但是逐梦并不一定要标新立异、特立独行。你还小，还不懂得真正的美妆艺术。"

"不就是把眉毛弄得浓浓的弯弯的，把嘴巴涂得红红的吗？"

"你知道口红有多少种颜色和品牌吗？化眉毛要根据不同的脸型，涂口红要根据不同的肤色、气质和喜好……这些你都懂得吗？"

在班主任的发问下，毛苗苗低头不语，她还真没用心研究过这些。她从电视上看到一位化妆师给明星做顾问，羡慕不已，就梦想去当个优秀的美妆师，也许有机会和影视明星近距离接触呢。

见毛苗苗默不作声，班主任笑起来："其实，老师在你这个年龄时，也有好多梦想，比如最想当电影明星，可考电影学院要有才艺啊。我因为喜欢吉他，整天背着吉他去上学，下课之后就跑到教室外弹吉他，还模仿电影片段朗诵台词，后来发展到为了去看电影首映式，不惜上课请假……幸

亏语文老师发现我的苗头不对，就开导我说每个人在不同的人生阶段都有不同的本分与使命，学生的任务是先把学业搞好，才能在未来有更多选择的余地。如果因为追梦过于特立独行而影响学习，那么只会在逐梦路上为自己设置障碍……"

"你是一个勇敢追梦的孩子，这一点值得同学们学习。可是追梦也要讲究方法和技巧。谁说会化妆就一定能成为化妆师？得先在大脑中储备丰富的知识才行。一个优秀的化妆师内在充实了，才会得到更多人的欣赏和喜欢。"

听了梅老师的劝解，毛苗苗点点头："老师，我听您的，我先踏踏实实地学习。我想我会实现自己的梦想的。"

4　把大目标分解为小目标

晚上做完了作业，豆豆对爸爸嘟囔说："最近学的古文比以前长多了啊，很难一气呵成背下来。"爸爸故作惊讶地说："真厉害，你的要求可不低，想一气呵成背古文！""嗨，老爸，你咋这样呢，不待这样讽刺儿子的嘛。"

"哈哈，老爸来给你支个招，想不想听？"豆爸微笑着说。

"快说，别卖关子了。"豆豆迫不及待。

豆爸解释说："就是采用分解法啊。背诵时，先把原文抄写一下，先不抄写那些重要的句子或词语，而是把它们空下。然后大声读书，试着背诵。等熟悉了，合上课本，把空下的内容补充上去，再重点背诵你填写的句子或者词语。这样'手眼口'并用，才能很快背诵下来。"

"好，现在就按照你说的方法实践一下吧。"豆豆拿出妈妈买的《小学生古文 100 课》，抽出一篇较长的古文，用爸爸讲解的方法，开始背诵。不到 15 分钟，竟然背得滚瓜烂熟。豆豆感觉好神奇。

豆爸说："要学会把大问题分解成小问题，把大目标分解成小目标。从小目标开始，一点一点让自己做得到。因为你实现一个小目标，可以找到自己的成就感和价值感，从一个成功走向另一个成功就容易多了。爸爸开了一个微信公众号，刚开始时，我要求自己每天写 1000 字以上。但是有时候因为工作忙或者有其他的应酬，就写不出来，我就改为写 500 字。每次写得多于 500 字时，都觉得自己特厉害，然后就继续写下去了。到现在我觉得每天写三五千字都很轻松，有些知名公众号还转载了我的文章，我更有动力坚持下去了。一个大的目标在人们看来总是那么遥远，很多人甚至望而却步，其实把大目标分解成一个个小的目标，会有意想不到的效果！"

所谓够得着的目标，要能够看得见。你看得见它，才会觉得它就在不远处，是比较容易达到的。这会给你巨大的信心。日本一位名不见经传的运动员拿下了国际马拉松长跑世界冠军，记者采访他，问他是否有什么秘诀，他说："每次比赛之前，都要乘车把比赛的线路仔细地看一遍，并把沿途比较醒目的标志画下来。比如，第一个标志是银行；第二个标志是一棵大树；第三个标志是一座红房子……一直画到赛程的终点。把长距离的路程分成了若干段比较短的路程，心理上就不觉得压力那么大了，这使我更有信心，也发挥得更好。起初，我并不懂这样的道理，我把我的目标定在40多千米外终点线的那面旗帜上，结果我跑到十几千米时就疲惫不堪了，因为我被前面那段遥远的路程给吓倒了。"

俄国大文豪托尔斯泰曾经说："人要有生活的目标：一辈子的目标，一个阶段的目标，一年的目标，一个月的目标，一个星期的目标，一天的目标，一小时的目标，一分钟的目标。"这都说明，天下大事必定是从做好小事开始。

在生活中，很多人做事会半途而废，往往不是因为难度较大，而是觉得距离成功太遥远。他们不是因失败而放弃，而是心中没有具体的目标。如果懂得分解自己的目标，一步一个脚印，成功也许就在不远处。

不要害怕大目标，运用化整为零的方法，做好手边最重要的小事，做好一个又一个容易完成的小目标就足够了。把大目标化为具体的小目标，对于学生来说，就是一个学段一个目标，一个学期一个目标，一个月、一个星期乃至一天一个目标。要细化这些目标，比如今天完成几道题，这个星期看几本书，期中、期末争取前进多少名次；或者是规定自己多长时间改掉一个缺点，培养一个好习惯，等等。有了目标指引，学习就有了方向。目标定好以后就应该有计划、有步骤地去执行，采用各个击破法，这样更容易成功！

你也可以了不起

13

5 将梦想坚持到底

巩佩奇最近很苦恼，马上就要期中考试了，作业量明显增加，而全市青少年跳绳大赛也即将拉开帷幕，他是最有希望冲击金牌的种子选手，自然不甘心放弃向其他选手学习与较量的机会。一边是学业一边是比赛，巩佩奇觉得有些疲于应付。

于是，巩佩奇向班主任梅老师倾诉了自己的烦恼。梅老师拍着他的肩膀说："没事的，好好训练，积极参加比赛吧。为班级和学校争光！不用担心期中考试，因为平时你在课堂上听讲很认真，作业完成得很棒，相信你一定会取得好成绩的。"

"谢谢老师，我会努力的。"听了梅老师的安慰，巩佩奇如释重负。

"奇奇，听说你的教练是体育学院大三的学生？"梅老师问。

"是啊，老班。我可佩服我教练啦。虽然他只有 21 岁，但是可厉害啦，多次去国外参加跳绳大赛，而且最近他还刻苦学习，准备考研呢。我和教练关系特铁，我俩以兄弟相称呢。有时候训练累了，他还陪我出去放松一下，去看新上映的电影。"

"有这么好的教练做榜样，老师相信你也能够成为一个很了不起的学生！"

"将梦想坚持到底呗。"巩佩奇自豪地说。

梅老师赞赏道："佩奇，你说得对，为了梦想，努力拼搏。你可以向《中国诗词大会》的雷海为学习一下，他就是将梦想坚持到底的榜样。"

巩佩奇连连点头："老班，我知道雷海为，他不仅获得了央视《中国诗词大会》的冠军，前几天还参加了咱们山东电视台《国学小名士》的'飞花令'比赛，他的表现太棒啦。"

在山东卫视的《国学小名士》中规则是这样的，主持人逐一给出圆周率 π 中的数字，选手需要说出含有这个数字的诗句。到第97位时，五位选手中只剩下了雷海为和获得《向上吧，诗词》总冠军的杨强。仅仅5分钟内，两人就直接从97位飙到

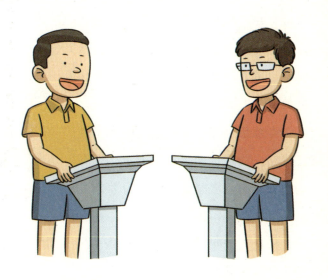

了204位，比电脑还快，主持人都放弃报数字了，诗句只来得及打出半句。最后，雷海为获得冠军。

从外卖小哥到《中国诗词大会》第三季冠军，再到创造了人类奇迹，雷海为坚守梦想的顽强精神，深深感动了大家。

雷海为家境贫寒，中专毕业后，他先后做过电工、餐厅服务员、洗车工、推销员等，工作很辛苦，工资也不高。

偶然间，雷海为在上海一家书店里，读到了李白的诗歌，想起上学时读过的"飞流直下三千尺"的豪迈，想起"我辈岂是蓬蒿人"的自信，想起"抽刀断水水更流"的惆怅……从那天开始，雷海为迷上了古诗词。他在白纸上写下自己背过的诗词题目，然后拍照，保存在手机里。在饭店等餐或送餐等红灯时，在临睡前，他都会打开手机，快速默读，反复背诵。

一个偶然的机会，雷海为参加了《中国诗词大会》第三季，他在台上的神勇表现和外卖小哥的身份都备受关注。夺冠之后，雷海为成了红人，各种

工作机会纷纷找上门来。有的经纪公司联系他，想把他包装成网红；有的文化旅游公司邀请他做代言人，月薪10万元……雷海为拒绝了这些诱惑，而是选择去成都一家教育培训机构当老师，专门负责编写诗歌教材，利用对话、图片等形式，让孩子们感受诗歌的魅力，真正实现了自己的梦想。

有梦想，谁都了不起。即使生活在底层，即使遭遇了很多困难，也不要失去信念，要坚守住这一份梦想。既要脚踏实地，也要仰望星空。这世间，最让人赞叹的，就是对梦想一点一滴的坚持，将梦想进行到底，一定会等到梦想成真的那一天。

二、懂一点处世交友之道

1 懂礼节的小孩才可爱

周末，爸爸单位的同事李叔叔带着儿子李默来访，豆豆高兴极了。李默八九岁的样子，肉团小胖子一枚，眼睛眯成一条缝儿。豆豆想，可以向李默推荐一下自己刚买的爆笑漫画，轻松一下。但李默却一脸嫌弃，说："这个我早就看过了，你也太差了。"然后他就在豆豆的书架上胡乱翻看着，还碰倒了几本书，但只顾自己翻书，连弯一下腰也没有。豆豆只好自己捡起来，把书放到原位。豆豆心里有点不悦。

中午，爸爸邀请李叔叔去小区门口的酒馆吃饭。几个菜刚上桌，李默就自顾自地大快朵颐，还把喜欢的油炸鸡翅端到自己的面前。李叔叔尴尬地笑了笑，说："看这个臭小子，都被爷爷奶奶惯坏了，真是不好意思啊。"豆豆爸

连忙说："小孩子，喜欢吃啥就多吃点儿。不够吃，咱再多点几样菜。"李默一边啃着鸡翅，一边说："我还要吃排骨……"

一会儿，李默放下筷子，拍着肚子说："我都吃饱了，爸爸你快吃啊，咋这么慢吞吞的啊，你答应过我下午要去游乐园玩呢。"

吃过饭回到家，豆豆向爸爸抱怨："李叔叔家的小孩子很不乖啊，真皮，一点礼貌都没有，我可不喜欢他。他把我的书扔得乱七八糟的。"

豆豆爸说："你也知道懂礼貌的重要性了吧？一个没礼貌的小孩，即使学习成绩再好，颜值再高，也不会受到大家的欢迎。那些讲礼貌、懂得尊重别人的孩子，更容易被接纳和喜欢。还有，你不要光看到李默身上的不足，想一想自己犯过类似的毛病没有？见到同学或者同一单元的邻居，你是不是都会打一声招呼啊？"爸爸说得很对，还真是这样子。小时候见了邻居，豆豆的嘴巴特甜，"爷爷奶奶叔叔阿姨"叫个不停，现在长大了，反而不好意思打招呼了，有时候在电梯上遇见，大人们就问"豆豆，你上学去啊"，而豆豆只是"嗯"一声，点头笑一笑，就不吱声了。

爸爸看到豆豆陷入深思，就说："其实，这也不是什么严重的事情，好好反思一下，以后改正就可以了。"

豆豆爸打开电脑，搜索出一些日常生活中的基本礼仪知识，打印下来，让豆豆和朵朵读一读，便于以后遵守。

一个讲礼节的孩子，在社会上更能拥有好人缘。要想让自己成为有风度的孩子，就需要从生活中的点滴做起。

（1）懂一点待客之道。

当客人来访，应该微笑相迎，向客人问好。热情招呼客人，端水倒茶或者拿糖果、点心等招待客人。当客人与父母聊天时，不能随便插嘴，更不能打听事情。同样的道理，去别人家做客时，也应该遵守这样的原则。

（2）晓一些宴席之礼。

在酒店宴会吃饭时，要等长辈们先落座之后再入座，切勿把碗筷碰得叮当响。等长辈动筷子之后才可以动筷夹菜。在咀嚼时尽量不出声或者小声，切忌狼吞虎咽；千万不要用筷子在盘子里翻来翻去专挑自己喜欢的菜；不要把吃过的菜渣一股脑吐到桌上，要放到小碟子里或者餐巾纸上；盛饭夹菜要根据自己的饭量，切不可贪多浪费……饭后要洗手。告别时要对长辈们说"谢谢""再见"等礼貌用语。

（3）公共场所要遵守规则。

所谓公共场所礼仪，指的就是人们置身于公共场合时必须遵守的礼仪规范。它是社交礼仪的重要组成部分，也是人们在交际应酬中应具备的基本素养。公共场所是为全体社会成员服务的，是全体社会成员进行社会活动的处所。在公共场所，比如电影院、候车室等，应该尽量保持安静，不大声喧哗、不追逐打闹。随身携带的物品不能随意乱放，最好摆放整齐，以免影响他人。

①图书馆阅览室礼仪

图书馆阅览室是公共的学习场所。到阅览室学习时，一定要注意整洁，遵守规则，不能穿汗衫和拖鞋入内。就座时，不要抢占位置。查阅目录卡片时，不可把卡片翻乱或撕坏，不要用笔在报刊上涂抹画线。要始终保持安静和卫生。走动时，脚步要轻，不要高声谈话，不要吃有声响或带果壳的食物。阅览室的桌椅、板凳等都属于公共财物，应该注意爱护，不要随意刻画。

②影剧院和比赛场礼仪

最好提前几分钟进场，对号入座。行走时脚步要轻，身子要低，不要在人行道上逗留，以免影响他人观看。遇到熟人，不要大声打招呼。身体不要左右摇晃，两腿不要乱抖，更不要脱鞋子，不要把脚搭到别人座位的扶手上去。

豆豆爸说，做个有礼有节的人，才会赢得别人的尊重。

2 学会说"不"，也是一门大学问

最近，朵朵很苦恼。周五做值日打扫包片卫生区时，同一组的欢欢总是这借口那借口地逃避劳动。她撒娇似的搂着朵朵的脖子，讨好地说："亲爱的朵朵，你最善于帮助同学啦！你是中队长，扫地这活儿不在话下吧，就交给你来完成啦。"说完，一溜烟跑了，找其他女生玩去了。有时候班级里同学说一句："中队长大人，办黑板报这点小事儿，你就自己全包了吧！你能写会画，能者多劳嘛。"每一次，朵朵都不知道如何拒绝，又觉得有点委屈，干吗总是自己做呢？

回到家，朵朵把这些小烦恼告诉妈妈，妈

新时代好少年成长读本

20

妈说:"小朵,要记住,你的这种做法已经助长了同学的坏习性,你要对他们这些不合理的要求,学会说'不'。"

"可是,我怕拒绝了他们,他们会很生气,就不和我玩啦!我在同学面前会失去威信,我这中队长就被孤立起来了。"

"如果你能委婉真诚地拒绝同学,不伤及他们的自尊,一定会获得他们的谅解。"

第二天,当赵泉泉嬉笑着喊朵朵帮忙擦多媒体黑板时,朵朵鼓起勇气,微笑着说:"泉泉同学,你力气大,个子高,擦黑板擦得比我干净多了。如果你真有急事,我可以帮你。"赵泉泉对着朵朵耸耸肩,说:"好吧,你说得对,俺赵泉泉是男子汉,擦黑板这点小事,就不劳驾你啦。"看着赵泉泉滑稽的模样,同学们都哈哈大笑起来。

朵朵很开心,原来,拒绝别人也没这么难。

拒绝也是一个人必须要掌握的一项人际交往能力。在和别人打交道时,对方的合理要求,只要我们能做到的,可以答应;如果是不合理要求并且超出我们的能力范围,就要学会巧妙地拒绝,否则会带来不良影响。

要勇敢地说"不"。拒绝别人时,要态度真诚说出理由,口气尽量委婉。

比如，周末有同学邀你一起去看美国漫威电影，但是你并不喜欢看，你想去外婆家找表弟玩。你该怎么做呢？如果你很生硬地告诉同学："不行，我可不喜欢什么漫威电影。"想一想吧，同学听了会很生气，觉得你看不起他。如果你开心地说："我也很想陪你去看漫威影片，但是我妈妈想带我去看望外婆。等下周有空，我再请你去看新上映的电影，好不好？"后一种说法更能让对方接受。所以在拒绝别人时，一定要好好琢磨一下说话的技巧。

3　宽容的笑脸，那么美

"你赔我的棒球服！"李子怡气急败坏地吼起来。

"我又不是故意的。"周凯低声辩解。

同桌俩你一句我一句嚷开了。起因是周凯不小心把颜料盒打翻了，五彩的颜料溅到了李子怡新买的白色棒球服上，很难看。周一早上刚到教室，他俩就闹腾起来。

李子怡发狠说："你怎么这样不长眼啊！"

周凯连连道歉："对不起，我给你洗干净还不行吗？"

"你洗不干净了！"李子怡恼羞成怒，猛地掀翻了周凯的课桌，书本和文具盒纷纷滚了出来，散落在地。李子怡气呼呼地跑出了教室，只剩下周凯无奈地蹲下身，默默地收拾残局……

李子怡坐在校园紫藤花架的石凳上，远远地看着小伙伴们欢快地玩耍，气愤的心情仍旧难以平复。好朋友田小雨几次喊她一起玩"老狼老狼几点啦"的游戏，她都没心思挪动半步，还小声骂道："周凯真是笨蛋啊，一盒颜料都收拾不好。"想到周凯做事笨笨的憨憨的样

子，李子怡不禁回忆起自己曾给周凯取了个绰号"周憨憨"。每天早上到了教室里，周凯都会笨手笨脚地擦一擦李子怡的课桌和凳子。李子怡多次对他说："谢谢你啦，憨憨同学。"周凯也不恼怒，只是憨憨地笑一笑："一点小事儿嘛，应该的，别客气。你高兴就好。"

想到这些片段，李子怡的火气消减了大半，开始后悔自己刚才的言行，但她又不好意思去向周凯道歉。周凯这边也在心里惊讶于李子怡的蛮不讲理，"她怎么发那么大的火啊？"他低声自语，又认识到自己的确有错，"如果李子怡的棒球服洗不干净，我就赔她一件一模一样的衣服。"

这时，目睹二人吵架全过程的朵朵出面了，她拉着周凯，说："走，去找李子怡说清楚。"

走出教室，见到了正发呆的李子怡，周凯朝李子怡笑了笑，不好意思地说："中午放学后，我回家向妈妈要钱，赔给你一件新衣服。"

"哎呀，不必了，一点小事儿。我能洗干净的，你又不是故意的。"李子怡红着脸着急地说。看着他俩的样子，朵朵满意地笑了。伴随着清脆的上课铃声，他们一同欢快地跑向教室。

这一切都归于宽容。那么，什么是宽容？美国著名作家马克·吐温说过：

"紫罗兰把它的香气留在那踩扁了它的脚踝上，这就是宽容。"

生活中，难免有些磕磕绊绊，想活得快乐，就得学会宽容。心胸狭窄的人会失去朋友，使自己的情绪变得更差。宽容地对待他人的过错，站在对方的立场上想想，善意地谅解对方，不是更好吗？

宽容是中华民族的传统美德。俗话说："量小失众友，大度集群朋。"蔺相如宽容了廉颇的傲慢无礼，使廉颇负荆请罪，双方强强联手，免除了赵国祸患，留下了千古美谈；周恩来凭借着博大胸怀，在外交上奉行"求同存异、和平共处"的方针，树立了大国总理的风范。假如没有了宽容，则国与国之间会纷争不断，人与人之间会拳脚相加，整个世界陷入混乱状态。

要想拥有良好的人际关系，收获更多的友情，就要学会宽容。一些争执虽然能让你通过辩论取胜，获得成就感，但是朋友之间一些无关紧要的问题，胜负真的那么重要吗？为了所谓的胜负输掉友谊是不足取的。

拥有一颗宽容的心，不但能让青春期的你收获别人更多的喜爱，也能让你更加自信快乐。原谅他人就是宽恕自己，只有怀着一颗宽容的心对待身边的人时，才会把时间和精力投入到更有意义的事情上。

在生活中，我们难免会与别人发生摩擦。当别人不小心踩到你，你应该摆摆手，说声没关系；当别人弄坏了你的东西，向你道歉时，你也应该宽容地付之一笑。要做的事情太多了，聪明的你一定不会把过多的精力浪费在无谓的摩擦之中的。

让宽容融入自己的日常生活里，这世间的一切美好就都会围绕着你。

4 学会倾听，友情更牢靠

课间，李佳洋正在绘声绘色地讲述周末见闻："你们去过莱芜的王石门村吗？这个村子被誉为'天上人家'，海拔 851 米，是咱山东海拔最高的村庄。村子人口稀少，只有几十户人家，但那里很美，有深谷幽林，还有九天湖、九龙湖等美丽景致。在蓝天白云、青山碧水的映衬下，整个王石门村就像《西游记》里的仙境呢。"李佳洋兴致勃勃地描述着。

正当同学们听得入迷时，一个不屑的声音传来："不就是山里的小石头村嘛，有啥大不了的。李佳洋，你去国外旅游过吗？你去过雅典古城吗？你见过美国的自由女神像吗？你划过威尼斯的小船吗？"

大家扭头一看，原来是号称"帅炸天"的王昊，平时总爱显摆自己家里有钱，最喜欢对同学冷嘲热讽。

大家都撇撇嘴，不吭声，翻白眼"秒杀"王昊，继续听李佳洋讲在石门村的经历。这时王昊打断了李佳洋的话："在大峡谷坐皮划艇有啥意思，很危险的。还是坐豪华游轮气派，在游轮上喝着意式咖啡，看海鸥在身边翩翩起舞，真是倍儿爽。"说完，王昊还唱起来："今个儿高兴，快点舞起来，动起来，小伙伴，让我们嗨起来……"

你也可以了不起

25

王昊闭上眼睛，扭动着肥胖的身体自我陶醉起来。"小辣椒"毛苗苗推了王昊一下："快醒醒吧，喝你的咖啡去吧，别妨碍我们。"

王昊见引起同学不满，自感无趣："一群土老帽，我才不跟你们计较呢。"怏怏地走开了。

同学们都哈哈大笑起来，指着王昊的背影说："土豪，拜拜了您。"

李佳洋拱手道："谢谢你们听我分享旅游经历。"

同学们连忙说："都是好朋友，客气啥。等周末有空，我们也让爸妈带着去王石门村看一看，一定会玩得很开心。"

豆豆很赞赏李佳洋乐于分享的精神，不过王昊多次打断同学聊天的傲慢态度，让豆豆也有些替他担心。再这样下去，王昊迟早会在班级里没朋友的。任何人要拥有友情，都必须先认认真真地听别人讲下去，而不是随随便便打断别人的话，不尊重对方。

与朋友交往一定要学会倾听，这样才能让朋友之间的友情更加深厚。为了让自己获得认可，一般人都会在别人面前说好多好多话。要是一个人特别急于表达，那就不要打断他。我们最好以开放的姿态耐心地听他讲述，让他自己说出想说的话。

多听听别人的心里话，多多感受别人的心理，记住这一条原则："学会更好地倾听，谦虚为重！"

作为朋友，你要学会倾听。当你的朋友遇到挫折、陷入烦恼，他便要找一个宣泄情感的对象，而你作为他的朋友，能够真诚、耐心地听对方诉说，就是为朋友打开了情感倾诉的宝贵通道。

在朋友诉说的过程中，你不仅耐心地倾听，而且时不时地插上一两句富有情感的安慰话，或者为朋友出出点子想想法子，朋友可能会走出困惑的沼泽地，他会觉得有你这样的朋友才是真正的依靠。这样，友谊更会与日俱增。

学会倾听，是对别人的一种尊重，是一种内心的修养，也是对别人的一种赞美，是一种心灵上的沟通。被誉为"20世纪最伟大的心灵导师和成功学大师"的戴尔·卡耐基曾经说过："专心地听别人讲话，就是我们所能给予别人的最大赞美。"有一次，他在纽约参加一次晚宴，碰到了一位优秀的植物学家。他从未跟植物学家见过面，于是安静地听植物学家介绍外来植物和交配新产品的许多实验。晚宴后，那位植物学家向主人极力称赞卡耐基，说他是"最能鼓舞人"的人，是个"最有趣的谈话高手"。而卡耐基几乎没说几句话，他只是非常认真地听。由此可见，倾听也是和别人交流的一种方式。

在社交过程中，最擅长与人沟通的高手，是那些善于倾听的人。也许在交谈过程中他并没有说上几句话，但是他反而会得到别人的认可与尊重，被认为是善于言辞和善解人意的人。

面对着同学、亲人或者朋友，如果学会了倾听，就能够让他们感到自己被重视。每个人的天性使然，总是希望自己所关注的事情能够引起别人的兴趣，若有人愿意听你谈论，那么你自然就会产生一种被别人尊重的感觉，你会非常感激那个人。

所以，学会倾听吧，别让"友谊的小船"说翻就翻。

5　与老师愉快相处

范小刚连续两次都不交英语作业，小组长冯慧敏催促他，他就阴阳怪气地拉长声音说："反正我又不出国，学了英语也没啥用处。"冯慧敏反驳说："哼，不出国，也必须好好学习。照你这么说，我们都不一定能当数学家，干吗还要学习数学呢？"范小刚挥挥拳头，在半空中敲了几下，警告说："你这小丫头伶牙俐齿管得宽。"冯慧敏瞪了一眼说："就你这小样，再不好好学英语，可就out 啦……"

上午前两节，范小刚闷闷不乐，就连最喜欢的数学课，他也没听进去。他并不是不想交英语作业。前天上英语课时，因为光顾着和同桌小声说话，他被教英语的孔老师发现，批评了一通，范小刚觉得孔老师特别严厉。再加上孔老师最近上课总是不苟言笑，私下里范小刚给孔老师起了个绰号"小恐龙"。范小刚对孔老师产生了畏惧心理。

大课间时，班主任梅老师把范小刚叫到了办公室，询问情况。范小刚很委屈地说："老班，英语作业好难啊，我不会做。"

梅老师柔声说："不会做，可以问你们孔老师呀。"范小刚脱口道："我可不敢问，我有点怕孔老师，最近她好像很凶。"

"唉，是我工作疏忽了。我没告诉你们关于孔老师的情况。上周，你们孔老师的父亲突发脑溢血，幸亏抢救及时，才保住了命，但可能会落下偏瘫后遗症呢。孔老师的儿子还不满周岁，她带着3个班的课，只能晚上抽空去医院照顾父亲，很辛苦，所以，最近她在课堂上可能有点焦躁了。"

听了梅老师的话，范小刚很羞愧，觉得自己误会了孔老师，更不该给她起绰号。范小刚说："老班，我懂了。我会好好学英语的。"范小刚又到孔老师的办公室去承认错误，说自己没有按时交作业。孔老师和颜悦色道："这两天，你上课不积极，作业也不做，老师正想找你聊一聊呢，没想到你自己主动来了。有啥不会的尽管问吧。"

听了孔老师的耐心讲解，范小刚豁然开朗，感觉孔老师很平易近人。

在学校里，有很多学生喜欢和老师交流，但也有一部分还真的不知道如何与老师相处，有的甚至畏惧老师，有的还专门喜欢和老师作对。要想和老师和睦相处，首先就要尊重老师。老师们每天都要花费很多的心血备课、上课、批改作业、给学生辅导功课、家访……他们千方百计将自己所有的知识毫不保留地传授给学生，是为了让学生们增长见识，但是，有的学生并不好好上课，下课也不认真完成作业，甚至还说老师坏话……这实在是太不应该了。

作为老师，无论学识和阅历都比学生丰富许多，所以在学校里遇到了问题，就要虚心向老师请教。除了上课积极举手之外，课余也可以和老师及时沟通。无论是学业上的问题，还是生活中

遇到了困惑和烦恼，都可以向老师倾诉，老师会给你指点迷津的。只要真诚地向老师敞开心扉，你会发现，老师们特别睿智、有亲和力。在这个世界上，除了父母等家人之外，你接触最多的人就是老师了。

当然，金无足赤，人无完人。老师并不是什么"上仙"，也有很多生活或者工作上的压力、苦恼，也有情绪低落、脾气暴躁的时候。如果在某一个时刻，你发现老师也犯了错，误会了学生，你可以找个恰当的时机，向老师提出你的意见与看法。千万不要一怒之下和老师大闹一场，那样只会激化师生矛盾，恶化师生关系。

所以，在和老师相处过程中，一定要注意尊重老师。不必为了得到老师喜欢而刻意讨好老师，更不要整天有事没事就跟在老师后面专门打其他同学的小报告。只有在平等和理解的基础上与老师愉快相处，才能让师生关系更加和谐，才能让你在学校里更加快乐地成长和进步。

三、掌控情绪，我能行

1 冲动这匹小野马，你能驾驭好吗

这几天，豆豆的同桌陈志豪惹上了麻烦。在学校门口骑自行车时，有个高年级的瘦瘦弱弱的男生撞到了他的车子，给这辆新买的山地自行车，留下两道明显的划痕。还没等那个男生说一句"对不起"，陈志豪就气急败坏地挥起拳头，照着人家脸上左右两下，打得那男生一个趔趄，差点倒地。那男生恼羞成怒，出手还击，两人扭作一团……

这事儿恰巧被政教处的老师撞见了，后果很严重，不仅叫了家长来，在周一升旗仪式上，陈志豪还在全校师生面前做了深刻检讨。

针对这种情况，班主任梅老师召开了特别班会，主题是"冲动是个大怪兽"，好多同学上台发言，分享了自己冲动做错事的故事。班主任说："孩子们，你们知道《三国演义》里刘关张的故事吧？我来讲讲张飞之死吧。"

《三国演义》里的张飞因为脾气暴

躁冲动而被部下杀害，是冲动让张飞丢了性命。那么什么是冲动？冲动多指做事鲁莽，不考虑后果。心理学认为冲动是由外界刺激引起，爆发突然，缺乏理智而带有盲目性，对后果缺乏清醒认识的一种行为。

为什么说冲动是魔鬼？西方有一句古老的谚语："上帝欲使其灭亡，必先使其疯狂。"冲动是一种最具破坏性的情绪，它给人带来的负面影响可能远远大于我们的想象。在生活中，将人们击垮的，有时并不是那些大的灾难，而是我们不善自控的性情。一个人若无法控制情绪，就往往会做出许多恶劣的事情。

冲动是魔鬼，为什么还有这么多同学明知故犯？事后也都会后悔吧？这说明很多青少年还没有克制自己情绪的能力。

《庄子·山木》中有这样一个故事：一个人乘船过河，前面有船要撞上来，这个人破口大骂，骂对方不长眼。等船撞过来，却发现对面船上没人，是条空船，刚才的满腔怒火，瞬间就消失得无影无踪。

我们这一生会遇到各种各样的人，如果都要和他们生气争辩，那就没完没了了。一个人看不惯的人和事越多，就越说明这个人心胸狭窄。真正厉害的人，会把那些糟心的人和事当成"空船"处理。他会认为别人是无心的，事情也是偶然的，而不是一心想着回击。人之所以情绪不好，是因为把自己看得太重。一个人要是不把自己太当回事，就没有人能让他愤怒，让他生气。一个人的自我意识太强，别人稍微冒犯，他很可能就会立马反击。如果能静下心来，多思考几分钟，尝试站在对方的角度去考虑，去理解，去宽宥，那么事情就会简单很多。如果那样的话，两只船相撞，你的第一句话就不是脏话，而是：你没事吧？

当别人冒犯你时，用拳头解决并不是君子所为。告诉你一个控制冲动的小方法，那就是在冲动之前把自己想要做的事情或者想说的话在心底默念三遍，若三遍之后依旧觉得还有必要去做去说，再做也不迟。如果你能逐渐控制住自己的情绪，这对你来说，就是成长路上一次了不起的跨越。

 ## 2　抱怨会让事情陷入僵局

最近，孙晓晓总是莫名其妙抱怨这抱怨那。这不，一上数学自习，她又唠叨上了："哎呀，我的自动铅笔太差劲，又断铅了，都怪我妈不让我买别的牌子的，听说那个状元牌的特别结实呢。"同桌提醒孙晓晓："你用力轻一点儿呀，这样就不会断了。"孙晓晓立马就回了一句："哼，上次就是你在我写作业时碰我的胳膊，害我戳破了作业

本，都怪你，我还记得这事呢。"吓得同桌伸伸舌头，赶紧闭嘴了。

体育课上百米测试，孙晓晓跑得很慢，体育老师提醒她早晨早起一会儿，加强锻炼，孙晓晓抱怨说："我也想早起啊，但是又困得慌，都怪我妈不喊我，以至于我起床很晚。"

下午放学回到家，孙晓晓看到妈妈还没做好晚饭，又嘟囔起来："老妈，你怎么这么磨蹭啊，我都快饿死了。都怪你，每天做饭这么晚，害得我吃过饭之后写作业写到很晚。"妈妈一脸嫌弃地说："你这是怎么了？这几天总是抱怨个不停，看别人都不顺眼。"

"我怎么没觉得我抱怨啊，你这话也太夸张了吧？"孙晓晓不服气地反驳道。

妈妈意味深长地说："孩子，抱怨解决不了任何问题，反而会让你变得特别焦躁。书桌上有一本绘本《爱抱怨先生》，你快拿来读一读吧。"

一听有绘本，孙晓晓赶紧跑到书房里，只见书桌上赫然放着一本带彩色插图的书，便兴致勃勃地看了起来。

这本书是日本幽默绘本大师西村敏雄创作的。爱抱怨先生平时看什么都不顺眼，他去小镇闲逛，嫌高山挡了他的路；吃饭时，怪饭菜不合胃口；逛商店，他觉得衣服款式不好看，又嫌鞋店的鞋子不合他的脚……爱抱怨先生逛遍了整个小镇，对镇上的一切都牢骚不断，抱怨不停。镇上的人不高兴了："既然牢骚那么多，那就不要来这里啦！"晚上，爱抱怨先生回到家里，一进门，太太就冲着他抱怨："溜达到哪儿去了呀？磨蹭到现在！屋子没收拾，东西扔得到处都是。你这个人呀，橱子修理成啥样啦？柴火不也还没劈嘛！"听着太太牢骚不断地报怨，爱抱怨先生开口说："嗨！我说你呀，总是抱怨，会被大家讨厌哟！"

看看，爱抱怨先生回来还抱怨他的太太不该唠叨，说这样大家都会不喜欢她的。可见，他也明白抱怨这种负能量会影响人的心情，会让大家远离自己。

在日常生活中，像"爱抱怨先生"一样的人很多很多，他们每时每刻都在抱怨着生活里的不如意，和他们相处，会积累满满的负能量，恨不得赶快逃跑。如果你恰巧是这些人中的一员，就要学会赶走心里的负面情绪。

怎样才能赶走抱怨呢？可以准备一个小本子，当想着抱怨时，就把心底的不痛快统统写在本子上，并反复问一问自己：抱怨，能不能解决烦恼？如果不能，你就省省力气吧，多想想如何用实际行动解决眼前的问题。或者，你可以找一个发泄的对象，比如你的枕头、握力器、沙袋或者喜欢的布娃娃，你可以对着沙袋练拳击，或者对着布娃娃说出你的抱怨。

比尔·盖茨说："人生本来就是不公平的，但是你要尝试着去习惯它，并要记住，无论发生任何事情，都不要急着抱怨。"既然事情已经发生了，你就要学会坦然接受，并且要想办法去改变目前的处境，而不是一味去抱怨，因为抱怨解决不了问题。

最重要的是，你要时刻调整好自己的心态，并暗示自己："抱怨无法改

变现状，无法改变环境，只会让自己变得越来越糟糕，还不如赶快行动起来解决眼前的难题。"生活中总会遇到困难，遇到不如意的事，与其消极抱怨、发脾气，不如用积极的心态，专注于事情好的方面，那样你就会发现，一切都还好。"爱抱怨先生"的故事又好笑又好玩，让你明白，很多事情没什么大不了的，快快放下抱怨，做个阳光、乐观、积极向上的小孩吧！

3　你可不是自卑的丑小鸭

朵朵经常会听到女生堆里有人这样感叹："你看人家长得漂亮，身材好，学习也好，妥妥的人生赢家啊。我倒好，不仅长相普通，学习一般般，家庭也一般，也不喜欢画画啊弹琴啊或者体育运动，这太让我自卑了。"

朵朵把这些告诉了学校心理咨询室的黄老师，美丽温柔的黄老师耐心地解答了朵朵的困惑。

每一朵花恰恰因为其独特，才造就了满园芬芳。即使考得不理想，也不必因此而全盘否定自己。成绩只是从某一个方面反映了你最近学习的状况，并不代表整个人生啊。仔细想想啊，除了数学，你的语文很不错，作文还被老师当成范文在全班朗读，并发表在校园微信公众号上。"尺有所短，寸有

所长"，每个人都有优点缺点，像某某同学那样长得很漂亮并且全面发展的学生毕竟太少了，或许她也有不足，只是你暂时还没发现罢了。千万不要因为一次考试失利就产生自卑感。

为什么会有自卑感呢？自卑的根源就在于过分低估了自己，既把自己看得处处不如人，又把别人看得过于完美。金无足赤，其实每个人都有缺点。自卑就像一条小蛇，撕咬着你的内心，使你渐渐失去生活的勇气。在人生道路上，短时间陷入自卑的状态是很正常的，但是如果长期沉浸在自卑的氛围中，会带来极大的伤害。自卑会产生自闭，对生活失去激情，阻碍健康发展，最终可能一事无成。

自卑主要表现在：

（1）经常贬低自己。例如：常把"我做不好任何事情""我真笨"和"我没用"等话语挂在嘴边。

（2）不能或不愿向别人敞开心扉，提供有关自己的重要信息。

（3）对失败或批评特别敏感，并不会以此为警戒，而是以此为耻。

（4）一遇到困难险阻，第一反应不是去克服，而是抱着一种"反正努力也是这样"的状态，放任自己消极。

那么应该如何积极应对呢？

（1）坦然面对自己的缺点。当你意识到自己在某些方面不如别人时，先别忙着否定自己。坦然面对自己的自卑点，并大大方方地公之于众。你会发现，之前你的自卑并不是这些客观因素造成的，而是你自己恐吓自己的结果。

（2）注重自我提升。自我提升和优秀，是获得自信的绝对力量。很多

不够优秀的人，怨天尤人地一再重复着自己身上的缺点，仿佛没有这一大绊脚石的话，他们早就成功了。实际上，多数人只是拿着某些缺陷作为借口，来遮掩自己真正的不足。

（3）多记录自己的优点。拿出一张纸，在上面列下你的十个优点，不论是哪方面的（爱笑、唱歌好听等）。在日常生活中，经常提醒自己有什么优点，进行心理暗示。

（4）适当"夸大"自己。每完成一件事，可以在心里认认真真地夸奖自己一番。不要怕夸张，甚至可以尽可能夸张。比如："我真是太厉害了，换任何一个人都做不到。""我的眼睛很有神，想必能迷倒所有跟我对视的人。"这种自我鼓励法对于提高自信心，是非常有帮助的。

很多时候，自卑源于太在乎别人如何评价自己，比如你今天穿了一件新衣服，你就想同学们会不会多看你几眼或者问一问这衣服是在哪里买的。如果他们夸赞你一番，你的心里一定是美滋滋的；如果得不到同学的关注，一整天你都会很失落吧。只要我们学会欣赏自己、肯定自己、悦纳自己，就能够克服自卑，就不再是自以为的"丑小鸭"，而永远是闪亮的那一个！

4 莫让妒忌心理占上风

这次期中考，王淑田考了双百。李明一副不服气的样子，特别不爽。考前，他在前后位面前吹嘘说自己能拿双百，到时一定会请大家去吃肯德基。

大家都一致鼓掌。但是，等试卷发下来之后，李明的数学 96 分，语文 92 分。李明的同桌戏谑道：“你小子还吹牛不，到嘴边的鸡腿吃不上啦。”李明被讽刺了一通，气不打一处来，他趁课间王淑田出去时，从她的桌洞里掏出数学试卷，三下五除二，就把试卷撕得粉碎，还来个彻底毁灭证据，把试卷纸屑全扔到了垃圾桶里。

这一切都被王淑田的同桌张宇飞看在眼里，他走到李明面前，大声质问：“你这是干什么？”

“走开，不关你的事。”李明一副恶狠狠的样子。

“哼，还男子汉呢，耍这样的阴谋诡计，嫉妒别人比你强，你有本事好好复习考个第一名啊。”

李明羞得脸通红，就像败下阵来的斗鸡。

何为妒忌呢？妒忌就是因为别人比自己优秀而产生的对他人不满的心理情感。这是一种消极不健康的心理，见不得别人比自己优秀，别人稍微在哪

方面超越了自己，自己立马就受不了，会对别人挖苦、打击、诋毁，甚至武力伤害，对别人的人身安全构成威胁。如果不学会自我调整，让妒忌心无限发展膨胀，不仅会伤害别人，还会让自己陷入怪圈而痛苦不堪，使得自己心胸狭窄，长期处于消极情绪之中，抵触别人，最后失去朋友。

许多名家都对妒忌的问题进行过专门评述。法国作家巴尔扎克说："妒忌的人比任何不幸的人都痛苦，因为别人的幸福和自己的不幸，都将使他痛苦万分。"大哲学家培根说："一个人若埋头于自己的事业，是没有时间去嫉妒别人的。"

要充分意识到嫉妒给你带来的影响与危害。当因为嫉妒他人而心生怨恨时，不如转移一下自己的关注点，比如和其他朋友聊聊天，到操场上跑跑步或打打球，参加一下课外活动，最有效的方法就是培养自己豁达的人生态度，视野开阔一点，以欣赏的眼光去对待超越自己的人。

有了嫉妒之心不可怕，可怕的是不能及时克服它，任其一味发展。我们可以从以下几种方法中寻找到适合自己的解决方案。

（1）不要总挑自己的不足。

每个人都有长处和短处，都有长板和短板，如果总拿自己的缺陷和不足与别人的长处相比，那岂不是自讨苦吃？即使你陷入了困境，也要知道这一切都是暂时的，谁都不会总在泥潭中待着。

（2）思考一下嫉妒到底会给你带来什么。

在嫉妒他人时，不妨静下心来想想，过度的嫉妒心给你带来了什么呢？会帮助你进步还是加重你的困惑？强烈的嫉妒心会驱使你的大脑失去理性，让你做出错误的判断，加重心理负担。所以，为自己找一个突破口吧，远离嫉妒，以一颗平常心待人接物，你会轻松许多。

（3）靠实力去证明自己能行。

很多人嫉妒，是为了证明自己很优秀，获得别人的关注。想要超越别人，最好的办法不是以不恰当的手段损害别人的荣誉或诋毁别人的人格，而是以更加饱满的状态把自己展示给别人，获得别人的尊重和赞赏。

做一个积极阳光的少年吧，把嫉妒抛到一边，要知道"人外有人，天外有天"，世间比自己优秀的人太多了，你无法阻止别人努力，何况即使你打败了一个对手，还有千千万万的人会超越你啊。不妨把嫉妒转化为鼓励自己前行的动力。任何时候，都不能让嫉妒蒙蔽了双眼。

5　这点小事儿，咱可不计较

周晓宇气呼呼地对朵朵说："饶怡宸真是太傲气了，我跟她打招呼，她竟然不理我！"

朵朵解释道："说不定她真的没听见，或者没在意。"

"我就是看她不顺眼。"周晓宇翻着白眼。

"哈哈，你怎么这样啊，就为这点小事儿生气啊，等放学问一问她，不就成了？"

放学后，朵朵故意磨蹭着等饶怡宸，搂着她的脖子打趣："今天啊，你得罪周晓宇啦。"

"我并没和周晓宇起冲突，怎么得罪他了？"饶怡宸一脸蒙。

朵朵道："因为他向你要资料书，你爱理不理的，他很生气，后果可是很严重的，你懂的。"

饶怡宸哈哈大笑："哎哟，

就这点小事儿啊，当时我光顾着和同桌讨论问题了，还真忽略了他。下午上课之前，我会给他道歉的。"

朵朵随声附和："就是嘛，消除一下小误会。"

饶怡宸耸耸肩，摊开双手，无奈道："他也太计较了，这针尖大的小事儿。"

朵朵随声附和："是啊，有人就是爱较真啊！你惹得他心里很烦哟，他还以为你摆什么架子呢！找他好好聊一聊吧，他真的挺注意这些细节的。"

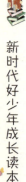

下午上课前，饶怡宸把周晓宇喊到教室外，首先给他道歉，说有点怠慢他了。周晓宇施礼道："听你这么一解释，我还真不好意思了呢。我哪会生你的气呀。仔细想想，我还真是一个小心眼儿的人呢。本来就没啥事儿，是我瞎琢磨，真是闲得慌。"

每一天，我们都会遇见好多事。比如自习课堂上你正偷偷摆弄魔方，扭头发现马大强正对你虎视眈眈，或者赵涵涵正对你翻白眼。你是不是就这样想了："他们为什么对我这样啊，我什么时候得罪他们了？"于是你就走了神，这点小事儿让你耿耿于怀，你可能找他们去问一问原因，但很多时候不会问，就在心里犯嘀咕，自己瞎琢磨。

其实不必为了芝麻大的一点事儿就去钻牛角尖，否则这小事儿可能会演变为大事儿，给自己带来无穷烦恼。每个人都会犯错，

当别人的过错影响到你的好心情时，不要感到气愤和委屈。多想想别人也许是无意的，多想想自己是不是也有不对之处，不要一味地先去指责别人，而忘记了先检讨一下自己。

无论什么时候，都不要把自己的青春时光浪费在无谓的小事儿上。对一些小事儿斤斤计较，这是一个人性格的缺陷。它不但会成为前进路上的绊脚石，还会让一个人渐渐丧失抵抗挫折的能力。要懂得，很多人总是抱怨这抱怨那，其实不是他们得到的不够，而是习惯于计较。要学会放下，改变心态，用宽容的心态对待身边的人与事，尊重和理解别人。你给予对方微笑，对方也会对你报以友善。即使眼前并不像自己想象的那样和谐完美，也要积极勇敢面对，你的大度终将让你拥有更美好的收获。

6 换个角度思考问题

周六早晨刚起床，朵朵就直喊牙疼，捂着嘴巴哭起来："该死的牙虫，真坏，我快疼死了！"妈妈安慰道："别哭了，马上带你去医院牙科检查一下。"

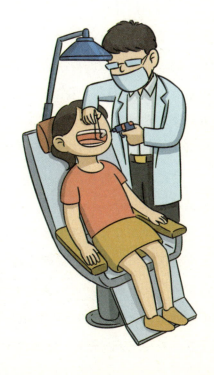

到了医院，经过诊断，医生发现朵朵一颗牙已黑了一半，开始发炎了。妈妈问："好好的，怎么就牙疼得这样厉害？"医生回答："这里面的原因有很多。很多小孩子爱吃甜食，偶尔塞牙却没有彻底清理牙床，导致出现牙菌斑和牙结石堆积。这主要是一种细菌性疾病，它可以继发牙髓炎和根尖周炎，甚至能引起牙槽骨和颌骨炎症。如不及时治疗，病变继续发展，形成龋洞，最终会导致牙冠被完全破坏，牙齿就彻底坏掉了，必须拔牙或者'种植'牙。"

医生叮嘱，一日三餐之后要漱口，晚上睡觉之前和早晨醒来后要彻底刷牙，幸好朵朵的牙病还没有发展到拔牙的程度，也不用打针，只开了一些牙

痛安和消炎药。走出医院大门，望着蓝蓝的天空，朵朵深吸一口气，笑笑说："感觉牙齿也没那么疼了。"妈妈回了一句："这就是爱吃糖惹的祸吧？每晚临睡前，你都要吃口香糖或者奶糖，还美其名曰'睡个甜蜜蜜的觉'。看吧，这下好了，牙齿都快坏掉了。哼，是谁早上还疼得哭鼻子呢？"

"妈妈，你真是'哪壶不开提哪壶'呀！我以后注意就是啦，少吃糖，及时刷牙。牙疼可不好玩儿。"

妈妈拍着朵朵的肩膀说："牙疼不好玩儿，牙疼也不算啥大病，但是疼起来要人命。所以，这给你提了个醒吧？这一次牙疼是不是长记性了？知道以后该怎么对待牙齿了吧？"

"妈妈，难道我这一次牙疼还变成好事了？"朵朵不解地问。

"是，换一种角度看问题，发现坏事也没那么坏嘛。来，听妈妈给你讲一讲吧。"

如果你在日常生活中遇到了困难、误解，是不是觉得很痛苦？那么换个角度看问题吧，你就会得到意想不到的收获。换一个角度看问题，问题就截然不同了。有时候，能从失败中看到收获，是一件很酷的事情。伟大的发明家爱迪生，在研究了8000多种不适合做灯丝的材料后，有人打趣他道："你已经失败了8000多次，还继续研究有什么用？"爱迪生说："我从来都没

有失败过，相反，我发现了 8000 多种不适合做灯丝的材料……"

换个角度看问题，生命会展现出另一种美好。网上有一个著名的故事：一个老太太有两个女儿，大女儿家专门卖雨伞，二女儿家开了一家洗衣店。晴天时，老太太担心大女儿家的雨伞卖不出去，下雨天时又担心二女儿家的衣服晒不干，整天忧心忡忡。后来，有人对老太太说："老太太，您真有福气！晴天时，二女儿家里顾客盈门；下雨天时，大女儿家里生意兴隆。"老太太反思了一下，认为非常有道理。从此，老太太就变得无忧无虑了。

炎炎烈日下，沙漠里有两个焦渴疲惫的旅人，正晃动着唯一的水壶。一个旅人说："太糟糕了，只有半壶水了！"另一个旅人却高兴地说："幸亏还有半壶水！"面对着半壶水，两个人的说法截然不同。倘若壶中一滴水都没有了，那个感叹"太糟糕"的旅人，有可能因为垂头丧气而走不出沙漠。

其实，人生中的好多事就像那半壶水一样，换个角度看问题，就有不同的心情，不同的答案。如果换一种角度去思考，人生路上经历的失败、疼痛等等，都将是一笔丰厚的财富。因为失败和挫折，将磨炼你的意志；所以凡事要辩证地看待，多往好处想。

换一种心态换一个角度看问题，是一种人生大智慧。无论生活给予你怎样的考验，都理应坦然面对。换个角度，更能够领略到人生的多姿多彩。

四、超越了一些磨难，你就拥有了"洪荒之力"

1 切勿放大困难

　　为了迎接校园艺术节的到来，朵朵和文娱委员孟小冉被舞蹈老师选中，参加舞剧《红岩》的表演。她们投入到紧张的排练之中，每天下午放学之后，都要在舞蹈室排练半小时甚至更长时间。晚上做完作业，也要对着视频做练习。压腿压肩、下腰、劈腿跳，朵朵觉得这些动作有些枯燥乏味，感觉有点吃力。她对教舞蹈的何老师说："我不想再跳啦，这些动作都好难，我担心

完不成任务。"

何老师见朵朵有点懈怠，连忙劝解说："小朵朵，你的舞蹈功底在参演的同学中是最扎实最棒的，这次的舞蹈难度系数虽然有点大，但是难不倒你啊。慢慢来，这点困难算什么！来，听老师给你讲个故事吧。"

美国总统林肯曾有一段有趣的经历：林肯的父亲买来的农场里有一块块露出地表的山石，父亲认为那必定是无法移动的山头，而母亲则认为那只是一堆石头，于是她带领着大家一起来搬石头，没过多久便把土石全部搬走了。

从这个故事中可以看出，因为林肯的父亲把困难看得那么大，才无法完成搬掉土石这件很容易完成的事情。在生活中，我们是不是也常常会犯这样的小错误？把困难放大到无穷大，这样就阻碍了前进的脚步，也会与成功擦肩而过。这就像一艘艘的船航行在汹涌澎湃的大海上，总会遇到风浪和礁石，我们的人生也会遇到各种挫折与阻碍。面对这一切，有人信心满满地直面困难，有人则因为惧怕困难而畏缩不前，导致失败。

正确地认识困难，这是迈向成功的第一步。电视剧《春光灿烂猪八戒》里的演员徐峥，从当初一个不知名的小演员，到如今成为大名鼎鼎的导演，一路走来不容易。当大牌云集的影视界竞争日趋激烈，当成功路上的绊脚石越来越大，他能正确认识困难，并想法克服困难，一步一步地走向成功。他执导的贺岁片《泰囧》一炮走红，就是他能够正视困难、勇往直前的见证。

困难像弹簧，你强它就弱，你弱它就强。只要勇敢面对，就会发现，困难是只纸老虎，它并非你想象的那样强大。2019 年 9 月 29 日，世界杯赛场上，

中国女排十一连胜，给国庆 70 周年献上了特别有分量的贺礼。中国女排是当之无愧的优秀体育团队，20 世纪 80 年代，在"一穷二白"的艰苦条件下，硬是凭着顽强拼搏的女排精神，创造了五连冠的傲然成就，让世界刮目相看。

那时候，训练条件简陋，用竹子搭起来的训练场地，四面漏风，用细沙和白灰、红土混合铺成的地面，阴雨天就返潮。

队员们一滚一身泥，煤渣、木刺经常划破她们的身体，每次比赛或训练结束，医生都要帮她们清理伤口。在海边训练场地，淡水缺乏，为了节约用水，训练完，下海洗澡，盐水沾着伤口，痛苦不堪。没有球网，只能用竹竿代替；没有臂力器械，只能用最原始的方法练习……

在如此艰苦的训练条件下，还要进行"魔鬼训练"。每个队员一个上午，要发好 100 个球，扣好 200 个球，垫好 300 个球……所有任务，都必须高质量完成，才能算数。

女排姑娘们身上磨掉几层皮，流过多少汗，她们"不怕苦、不怕累、不怕伤"。1981 年，她们以压倒性姿态，击败了日本，成功夺冠。之后，更是连续 5 次，蝉联世界冠军，书写了中国排球史上绚丽的篇章。

成长的路上，总会遇到各种各样的困难，比如家庭、学业、交往等等方面，这些都无法逃避，只能直面它。放大困难，它就会成为绊脚石，阻碍你前进的步伐；正视困难，它就会成为助推器，帮助你走得更远。所以请牢记，切勿放大困难，要从容对待，化困难为动力。不要还没有开始做事，就暗示自己：困难太大了，我做不到！这其实是在给自己设置重重障碍，为自己完不成任务找借口。

困难如同沙土中的小石，不要被它的外表吓倒。只要勇敢尝试，你总会找到出路。青春的路上，切勿放大困难，要从容对待，勇敢向前，竭尽所能去战胜困难。

2　你愿做逃避磨难的胆小鬼吗

周一刚进教室，"小喇叭"王可可就开始播报新闻："号外号外，六年级三班的一位学姐，因为学习压力大，周六早上选择离家出走，幸亏被警察叔叔遇到，安全回家。"

同学们感慨不已，七嘴八舌地说起来："这是学习上的逃兵啊！""家里人还不担心死啊……"

恰巧班主任进来，听见同学们的议论，严肃地说："孩子们，先不上晨读了，咱们就针对六年级学生因为学习压力大，选择离家出走的事情，发表一下看法吧。"

班长张子涵说："她这种做法不可取，是不负责任的行为。"

朵朵说："我认为她这是逃避。逃得了一时却不能逃一世啊，还得回来积极面对。"

班主任说："孩子们，你们大多读过《假如给我三天光明》，知道海伦·凯勒面对自己的不幸而自强不息的故事。还有一位了不起的小姑娘，同样值得我们学习，她就是曾芷君。我们来了解一下曾芷君的感人经历吧。"

曾芷君被周围的人称为"小海

伦·凯勒"。之所以有这个称呼，是因为她双目失明、严重弱听、十指触感障碍。出生后几个月，曾芷君就因神经萎缩双目失明，只能感觉到光和影，被界定为完全失明；小学时，她的双耳严重弱听，要靠助听器与人沟通。由于神经萎缩，曾芷君的手指尖触感也不及常人，连盲人专用的点字书也无法触摸。

面对困境，父母和老师都毫无办法，可是曾芷君却没有放弃自己。她认为自己必须要接受现实，如果逃避，这个困难就会跟着她一生。于是，她不停地摸索和努力着，只能以唇读凸感盲文进行学习。

中学时，曾芷君本来可以在盲人学校就读，可为了早点儿融入主流学校，她选择了一所普通学校，和正常学生同堂学习。课堂上，她捧起老师事先准备好的点字笔记，一边埋头用嘴识字，一边戴着助听器听老师讲解。

其他同学可以靠看电视、看报纸了解时事，对曾芷君来说，这些都是困难，但曾芷君的观点却经常让老师们眼前一亮。学校里不止一位老师感叹：难以想象她是怎么掌握那么多学习内容的。

在香港高考，有听力障碍的学生可以豁免中英文听力考试，但是曾芷君并没有要这样的优待，她认为自己虽然有听力障碍，但是不能放宽对自己的要求。曾芷君以优秀的成绩，如愿考入香港中文大学翻译系。

在一次采访中，曾芷君坦言，无论命运如何，都必须学会去面对现实，去接受自己的缺陷。

班主任说，曾芷君的身体状态何其不幸，但她不躲避重创，把生命之歌弹奏出了最美丽的音符，真令我们这些健全的人汗颜呢。

面对困难，有人选择了逃避；面对责任，有人学会了推脱。该来的终究会来，逃也逃不掉，躲也躲不过。在艰难险阻面前，逃避是怯懦者的行为，真正的强者选择勇敢面对。人生就像一场战斗，不管你是否愿意，从出生的那一天起，就参与了这场战斗。如果选择逃避，你的人生将一事无成。如果选择积极做勇士，那么你的人生将与众不同。

有句话说，如果一件事情来了，你却没有勇敢地去解决掉，它一定会再来。生活就是这样，它会让你一次次地去做这个功课，直到你学会为止。如同曾芷君那句"如果我逃避，困难会跟我一生"。我们也应该如此，直面困难才能最终赢得更好的未来。

3　滚蛋吧，青春麻辣痘

林子寒转学来到班里时，全班同学的目光都透出了惊叹：白皙的瓜子脸，尖尖的下巴，深邃的眼眸，浓黑的剑眉……的确是帅呆了。花痴女生张小雨尖叫着："好像《花千骨》里的杀阡陌姐姐，这么有范儿！"

不知从何时起，一片小痘痘密布在林子寒的额头上，让他很郁闷，上课也心不在焉。下课了，林子寒趴在镜子前照啊照，还不停用手指狠狠地挤压它们，弄得额头一片绯红。他对田豆豆说："完了完了，我的人生败在这几颗青春痘上了。"田豆豆假装一脸痛苦，随声附和："哎呀，小哥的如花容颜，就毁在青春痘上了，让人简直伤心欲绝啊。"

看到林子寒一副"痛不欲生"的样子，梅老师把他叫到办公室谈心。梅老师说："老师懂得你的爱美之心。想当年你班主任我，18岁上大学时也长了痘痘，那两颗青春痘发红发紫，还时不时发痒。我也是特别着急，先是用指甲使劲挤，硬硬地把左脸掐得渗出一大片血来。真是气人啊，痘痘没有消除掉，反而长得更多了。后来一想，随便长吧，我索性不理了。没到半年时间，两颗硕大的痘子，就慢慢消失了。"

新时代好少年成长读本

林子寒笑了："老班，原来您也有这样的烦恼啊。脸上疙疙瘩瘩的，多影响形象啊！我觉得人生好像都毁了大半呢，我被青春痘狠狠地撞了一下腰。"

"你小子真厉害，还把歌词'我被青春撞了一下腰'改了。但男子汉的光辉形象可不只是靠颜值挣来的，还得依仗个人学识、素养、能力。"

"我当然知道这些，但可能一时半会儿难以接受，我的身体可能长得太快了点。老师您说得对！以后我也顺其自然，看小痘痘们能奈我何？"

其实，林子寒还是有些担心，怕发生什么病变。为了让他放心，梅老师利用下午的体育课时间，特意带他去了附近医院的皮肤科。医生说："没啥大碍，很多小孩子都这样。主要是饮食要营养均衡，荤素合理，少吃一些垃圾食品，多跑跑步。"

医生还耐心地讲解了一些生理卫生知识——

现在的孩子进入青春期的时间提前了，不管男生女生，脸上都可能长痘痘。因为这个年龄段的孩子皮脂腺分泌特别旺盛，油脂过多，阻塞毛孔，肌肤里的废物排不出来，就会长青春痘。青春痘还有一个吓人的名字——痤疮，调理不好，会留下疤痕，特别是在脸上的，很影响容貌。长了青春痘之后，很多小孩痛苦不堪，精神上有了负担。其实，通过慢慢调理，青春痘是能根除的。最重要的是，不能乱掐乱挤。因为手指甲里的细菌很多，如果没有及时洗手，会使脸上的小痘痘感染细菌，更加严重。经常用手挤压，很容易留下难以消除的痕迹，整张脸会变得坑坑洼洼的。

如果想要青春痘快点减少或消失，一定要做好皮肤的清洁。特别是洗脸时，切莫蜻蜓点水。早上或晚上洗脸时，涂抹上洁面乳，按摩三五分钟，再用温水冲洗干净。这样可以洗掉脸上的灰尘和油脂，方便脸部毛孔顺畅地"呼吸"。

想彻底消除青春痘，就要注意以下几个细节：

（1）注意饮食。多吃一些新鲜水果，多喝水，尽量少吃油炸食品，少喝碳酸饮料。

（2）注意个人卫生。每天做好皮肤的清洁工作，不和家人混用毛巾，勤换洗被褥。

（3）养成良好的作息习惯。不熬夜，早睡早起。

（4）保持愉快的心情。遇事不焦虑，拥有乐观的心态。

（5）多运动。这样可以促进血液循环和新陈代谢，增强免疫能力。

听了医生的专业介绍，林子寒很羞愧，自己光是怨恨青春痘了，其实是因为平时太不注意饮食了——常吃油炸鸡腿，还喜欢喝可乐、雪碧等饮料。

从医院出来，林子寒决定改掉自己的不良生活习惯，把所有精力投入到学习中去。作为走读生的他，也不骑山地车上学了，改成一路慢跑奔到学校。他美其名曰："出出汗，排排毒，身体更健康，小痘痘不见了。"

咱青春美少男一个，小痘痘啊，赶快开溜吧！

4　你比想象中更顽强

自从知道妈妈下岗后，童一菲一直闷闷不乐的。前几年爸爸生了一场大病，已经把家里的积蓄花光了，如今妈妈又下岗，真是祸不单行啊。

童一菲甚至有了退学的打算，只是她不敢告诉爸爸妈妈，怕他们伤心。最近几天，她上课老是心不在焉的，班主任梅老师都看在眼里。周六晚饭后，梅老师决定去家访。

看到大病初愈的童爸爸和一脸愁容的童妈妈，班主任顿时感受到了童一菲家里的困境。趁着童一菲去卧室做作业的空儿，班主任把童一菲的在校表现简单地说了一下。她接着说："一菲是个懂事的孩子，学习一直特别认真，成绩优秀，希望你们能多多关注一下孩子的心理变化。"

童一菲的妈妈感叹说："您放心，再苦再难，我们也会让孩子好好上学的。"

梅老师说："正好我有一位亲戚开了一家书店，正招聘营业员，我给她打电话，介绍您去工作。"一菲妈妈万分感动。

等到周一，梅老师看到童一菲来学校特别早，脸上带着笑，很开心的样子，梅老师悬着的一颗心终于放了下来。梅老师把一份打印好的材料拿给童

一菲看，让她好好思考一下。童一菲看到了英雄杜富国的感人事迹。

2018 年 10 月 11 日，27 岁的杜富国在执行扫雷任务时，一枚加重手榴弹突然爆炸，他浑身是血，被抬下雷场。如今，他眼睛完全失明，两只手截肢。从脖子到肩膀，到腹部，再到大腿，凌乱分布着几十条伤疤……

受伤这一年来，在康复训练过程中，几十次手术，杜富国闯过一个个难关，他不仅慢慢适应了新生活，还给父母、战友和日夜陪伴他的医护人员很多惊喜，很多鼓舞。他的目标是做"独立英雄"——独立穿衣、洗漱、吃饭。早上六点半，医院附近军校的起床号准时响起，杜富国从黑暗中醒来，然后在黑暗中摸索。他挪到上衣的位置，用牙齿咬起衣服一端，伸胳膊，头钻进去，左右摇晃两下就穿好了。

从不会走路到会走路，从不能自己吃饭到自己吃饭，他渐渐能自己穿衣、洗漱、刮胡子、上厕所……

现在，杜富国依然坚持用军人标准严格要求自己。他学会了一个人叠军被。在平常人看来，没有视觉、没有双手，要把被子叠成豆腐块，简直是不可能完成的任务，可倔强的杜富国执意要叠出一个完整的"豆腐块"。他先是绕着被子走一圈，跪在床上，用半截小臂把被子抚平，然后小心翼翼地打

出褶。五分钟过去，"豆腐块"成型。再花十分钟时间，把被子移到床头，拉平床单。这熟练的动作不知经过多少次的反复练习……

杜富国说："我觉得自己能够做到，是一种成就感，非常开心，非常快乐。"杜富国迫不及待地想让自己变得更好，他经常出现在康复楼二层锻炼室。在反重力跑台，一跑就是三千米甚至五千米。康复师介绍，他现在跑三千米，大概只需要13分钟，比一般成年男子速度还要快。

负伤后，杜富国没有改变爱说爱笑的性格。他说，这一年来，对自己最满意的进步就是心态更好了。他没有封闭自己，而是努力和世界保持联系。现在，他已经可以用平板电脑中的盲人提示系统，用微信和战友们联系了。面对别人的夸赞，他顽皮地说："不就是这么简单嘛！"轻描淡写的一句玩笑，背后是一个动作成百上千次的学习、重复、定位；而千百次枯燥重复的背后，是一颗坚强的心。

有记者问他："一个战士在战场上倒下去，他还活着，应该怎样对待他？"他自己回答说："这点困难，并不算什么。我们都比想象中强大许多。虽然我很不幸，但学会了从这种生离死别的痛苦中挣扎出来，成长起来。更多时候，我觉得我自己就应该坚强勇敢，这才是最重要的。在雷场上倒下去，在生活的战场上重新站起来。因为我们都可以成为主宰自己命运的王。"

5　你吃过的苦，终将变成恩赐

李寒和朵朵是小学三年级的同桌，两人关系很好。现在不同班了，李寒

在隔壁班级。最近朵朵见到李寒，发现
李寒的眼圈总是红红的，说话也躲躲闪
闪。朵朵再三追问，李寒才告诉了朵朵
关于她家里的变故。李寒爸妈原先都在
同一家纺织工厂上班，工资虽不高，但
一家人其乐融融。但暑假时，为一件小
事，李寒爸妈打了一架之后就离婚了，
妈妈很快就嫁人了。为了多挣钱养活家
人，爸爸辞职去了深圳打工。李寒跟着
年迈的爷爷奶奶生活，因为想念妈妈，
李寒常常偷偷地哭。

　　自从李寒把家庭近况告诉朵朵之
后，朵朵很担心李寒，就把李寒的事情
告诉了妈妈。妈妈听了也很心疼，就建议说："小朵，星期天带李寒来咱家
玩吧，妈妈给你们做好吃的。"

　　周末上午，朵朵把李寒邀请到自己家里，让妈妈准备可口的饭菜。妈妈
拿出水果说："给你们推荐抖音上的一个小姑娘拍的视频，你们先看看吧。"

　　朵朵和李寒打开抖音，发现一个穿着古朴的小姐姐正在专心致志地做美
食，动作优雅，好漂亮啊。小姐姐叫李子柒。

　　朵朵叫嚷起来："妈妈，快来看，你说的这位小姐姐太美啦。"妈妈笑
起来："我早就看过了，很感动。"

　　妈妈拉着李寒的手，说："寒寒，不要怕，要做个坚强的孩子，至少还
有爸爸爷爷奶奶守护着你。知道我为什么让你看李子柒的抖音吗？因为李子
柒的少年时代，比你的情况还惨呢。"

　　李寒和朵朵都急切地想知道李子柒的经历，就要求妈妈赶快讲一讲。朵
朵妈就慢慢地讲述起来。

　　最近李子柒被央视新闻关注了，央视新闻夸赞她"没有一个字夸中国好，

57

但她讲好了中国文化，讲好了中国故事"。

她为什么这么火？她是一个会插秧、挖笋、采莲、纵马扬鞭的美食全视频博主。她的微博有几千万粉丝，抖音粉丝也有几千万，发在公众号上的文章，阅读量篇篇超过10万。而她的海外视频账户粉丝有近千万，与美国影响力最大的媒体CNN不相上下。

李子柒成功的背后，是大多数人都吃不了的苦。李子柒很小的时候，她的父母便离婚了，父亲早逝，继母待她很不好。很难想象，一个六岁的孩子，还没有灶台高，就要生火做饭。当她做不好时，会被继母拽着头发往水沟里按。爷爷奶奶实在不忍心孙女受苦，就把她从继母手中接过来抚养。爷爷去世之后，奶奶就成了李子柒在这世上的至亲之人。

由于奶奶年事已高，难以供养她继续上学，14岁的她只好辍学，外出打工。她睡过公园椅子，连续啃过两个多月的馒头。在外漂泊8年，她做着自己并不喜欢的工作，只因为她不但需要养活自己，还要有足够的钱寄给留在家乡的奶奶。后来因为奶奶的一场大病，李子柒回到家乡，偶然的一次机会，开始拍摄视频。

她的第一个视频，是用手机拍摄、剪辑的《桃花酒》，视频相当感人，但是连个特写都拍不清楚。但她从没想过放弃，即使在拍视频时肠胃炎发作，疼到全身冒冷汗，她依旧在坚持。

她有个做秋千的视频，点击量很高。但没人知道，由于素材过多，手机系统总是卡住甚至崩溃，她前前后后剪了5次，用了整整3天的时间。为了

新时代好少年成长读本

拍摄得更清晰，她买了第一台单反，对着说明书一个字一个字地学习。那时候，她的视频，全部都靠自己独立完成，一个不超过十分钟的视频，她要花费好几个小时。

那个令她大火的《兰州拉面》视频，拍摄过程特别辛苦。实际上，李子柒并不会做拉面，经朋友介绍，找到了一位来自甘肃的拉面师傅，软磨硬泡地求人家教她，师傅才答应了。每天有空就练习揉面，累得胳膊都抬不起来。等到终于学会了，发现拍摄更麻烦。因为手里全是面粉，每拍一个镜头，都需要擦干净一根手指去碰相机，以免进灰。她一共拍了 200 多个镜头，整整拍了 3 天，每天只吃一顿饭。

有一次冬天拍雪景的时候，她一个人背着相机、三脚架、斗篷去爬海拔2000 多米的雪山顶。手冻得没知觉了就放进衣服里暖暖，缓过劲之后接着拍。那几十秒的雪景，是她在雪山上冻了七八个小时换来的。回到家后，她在高烧两天未退的情况下把视频发了出去。为了学蜀绣，她花了半年多的时间，奔波在家和苏州之间。为了制造一种酱，从春天拍到了冬天。如果没有从小吃苦耐劳的经历，没有成百上千次的反复拍摄，没有整日整夜的学习，就不会有这个连外国网友都羡慕惊叹的李子柒……

讲完了李子柒的故事，朵朵妈说："印度大诗人泰戈尔有一句名言，'你今天受的苦，吃的亏，担的责，扛的罪，忍的痛，到最后都会变成光，照亮你的路'。李子柒的经历告诉我们，成长路上，会遇见磨难、挫折，但这些并不可怕，只要好好努力，一定会绽放光彩，给周围的人传递温暖。年入千万的'口红小哥'李佳琦在爆火之前，默默无闻了十几年；在成为'小岳岳'之前，岳云鹏被人欺辱，默默承受；在没有参加央视春晚和《欢乐喜剧人》等综艺节目之前，贾玲在剧组被导演骂，她哭得一塌糊涂……所以，那些吃过的苦，都将成就你，成为一种恩赐。"

听完朵朵妈详细的讲解，李寒一下子就明白了她的良苦用心。她感激地说："阿姨，谢谢您，让我知道了李子柒的故事，我一定会坚强起来，像她一样不怕困难，勇往直前。"

五、抓住机会，尽情燃烧心中的"小宇宙"

1 做个行动派，别拖延

还未上晨读课，坐在豆豆前面的孔萧然身体一仰一俯，手中的书掉在地上，趴在课桌上睡着了。

豆豆拽了孔萧然一下，问："萧然，身体不舒服吗？"

孔萧然眯着眼，伸伸懒腰说："哎呀，作业好多，写到深夜也没写完。"

豆豆惊呆了，昨天的作业不多啊，一张数学小测验，只有10道计算题和2道应用题，半小时就能完成，语文作业是一张A4纸正反面试卷，只有几组生字词和一篇课内文章试题，再加上300字日记。晚饭后7点开写，一般情况下，最迟在9点之前就能完成。

豆豆问：“你写到几点啊？”

孔萧然叹气道：“老师布置的作业，我熬到半夜也没写完。”

豆豆扳着孔萧然的头，哈哈大笑：“你也太磨蹭了吧！看看你，都熬出熊猫眼啦。”

话音未落，只听小组长李妙音一声喊：“收作业啦，快点交上。”

孔萧然无奈道：“放过我吧，等下午上课前再交，行不？”

李妙音噘着嘴说：“哼，这两天你一直不能按时交作业，昨天我都替你打了一次掩护啦，今天若还不按时交，就要拖咱们组的后腿啦。”

豆豆问孔萧然昨晚做作业的时候还干了什么，孔萧然说：“晚 7 点开始做数学题，一边做试题，一边喝奶茶，结果不小心，奶茶洒在试卷上，就开始用吹风机吹干，弄得数学卷子皱巴巴的，然后又轻轻捋平，折腾了好大一会儿。等到写日记时，又想不起来写啥，呆呆地冥思苦想了十几分钟。后来我三岁的妹妹非要拽着我陪她一起玩儿，我就和她玩了捉迷藏的游戏，玩得特爽，不知不觉玩了大约一个小时。等到想起写日记，差不多 10 点半了。我困得眼睛睁不开，就劝自己等第二天早起再写日记。结果，早上醒来，快 7 点啦，我妈催我赶紧吃早饭到学校，所以就没来得及写日记。这就是事情的全过程。我真的很懊悔啊。”

孔萧然的同桌插话：“典型的拖延症啊，这是病，得治。”

豆豆点头：“嗯嗯嗯，必须好好改一改啦，否则就成大麻烦啦。”

等班主任来了，豆豆举手说：“报告老班，孔萧然的作业没按时完成，他得了拖延症，怎么办？”

梅老师哈哈大笑起来，说

"好吧，现在就给他做治疗。"梅老师站到讲台上说："孩子们，老师布置的作业，只要快速认真做，一般情况下，一个半小时就能完成。在规定时间内完成的，请举手。"

好多同学很骄傲地举起了手。老师问那些没举手的同学花了多少时间才完成作业，好几个同学低声说："花了两三个小时。"

梅老师说："孩子们，你们要有效率意识啊，在家做作业也要像在学校里一样，集中精力、全神贯注。下面我要给你们讲一讲拖延症的事情。"

什么是拖延症？就是当你已经计划好要做一件事情，但你就是拖着不去做，并且同时还表现出强烈的自责情绪和负罪感。

造成拖延的原因很多，基本上就这几点：

（1）不喜欢，甚至厌恶，从心里抵触去做。

（2）觉得很难，或者不知道该如何去做，于是，越想越乱，越想压力越大，越想越心烦，干脆先放松一下再说。

（3）注意力不集中，总是被一些事物吸引，比如坐在教室里时，会被窗外飞过的小鸟或者其他声音吸引；放学回家，又容易被电视和手机吸引，也可能会和哥哥姐姐弟弟妹妹一起玩很长时间……

如何彻底告别拖延症，按时按成作业呢？不妨试一试下面几个小方法：

（1）回家之后，先做作业再吃晚饭；或者先吃晚饭，迅速做作业。从最少最简单的作业开始做，要给自己一个心理暗示，只需要10分钟就可以完成了。对于难一点的作业，如果做不出来，一定要快速向父母请教或者通过其他方式解决，这样比自己冥思苦想更有效率，从别处获得了做题思路，也会给你更多的启发。所以，要勤学好问。

（2）特别强调一点，做作业时，要有一个安静的环境，先远离手机、电视的诱惑，让自己全神贯注于作业上。

（3）享受小胜利。完成作业之后，和家人约定设立一个小奖励，比如一周的作业都能够顺利按时完成，可以奖励一个心仪已久的小礼物。

（4）完成作业后，开心地玩一会儿，看看喜欢的课外书籍或者听听音乐等，让自己快乐起来。很快，你就会发现，你已经不再惧怕作业，开始享受做作业的过程。

以上这四个小步骤做起来都很简单，这些做到了，你会发现你的拖延症在慢慢消失，做作业的速度越来越快。那么还有一个很重要的问题——如何才能做到每天早起呢？答案就是一定要定闹钟啊！闹铃响了还不想起床？那就把闹钟放远一点儿！设置起床时间之后，把闹钟拿到卧室里离床较远的地方，等第二天闹铃响起时，必须下床去关掉它，那么下了床就别再回床上磨磨蹭蹭地赖床了，马上去刷牙洗脸，扭扭腰，哼哼歌，张开嘴巴深呼吸，这样就精神多了……

2 认真把握每一个机会

周五下午放学前，梅老师把孟娜娜叫到办公室，说："这次全市作文大赛，每班要选派三位同学参加。你报名吧。趁着周末，好好写一篇。"孟娜娜摇摇头："老师，我觉得还不够资格。我担心写不好，您另选其他作文写得好的同学吧。"梅老师说："你先写出来，我认为

你一定行的。"

放学后，孟娜娜把这事儿说给朵朵听。朵朵听了，瞪大眼睛："娜娜，当作家一直是你的梦想，你千万要抓住这样的好机会啊。这是一次锻炼学习的机会，如果获奖了，还会参加颁奖典礼，由省内知名作家颁奖，将有机会和作家近距离接触交流，这样的机会可不能错过啊。"

见孟娜娜还是犹豫不决，朵朵说："有些机会非常难得，你一定要抓住啊！有时候，这一次机会往往是最后一次呢。比如我吧，上次全校演讲比赛，我获得了一等奖，获奖者会由老师带队参加省里的'儒学文化一日游'活动。我觉得以前参加过一次，就猜测活动内容应该差不多，更何况第二天还要期中考试，我要好好复习功课，所以就没跟着去。谁知道那一天中央电视台的《国学经典诵读》栏目也来拍摄了，我真的后悔死了。"

要想做成一件事，就应该学会抓住机会。不要小瞧了每一个小小的机会，很多成功者都是善于抓住机会的人。很多同学读过《海底两万里》，被书中奇异的海底世界深深吸引。但是你们可能不知道作者儒勒·凡尔纳恰恰是抓住了机会，才开始写作，后来被誉为"科幻小说之父"。19岁那年，凡尔纳去巴黎攻读法律，可是他对法律毫无兴趣，却爱上了文学和戏剧。有一次，凡尔纳从一场晚会上早退。下楼时，他忽然童心大发，沿楼梯扶手滑下，不料撞在一位胖绅士身上。凡尔纳赶忙道歉，还关切地询问对方有没有吃饭，对方回答说刚吃过"南特炒鸡蛋"。凡尔纳却摇头，连连叹息，说：

"在巴黎，根本上吃不到正宗的南特炒鸡蛋，因为我是南特人，我比较熟悉这个菜的做法。"胖绅士微笑着说："年轻人，现在，你愿意不愿意到我家？我好想品尝你做的'南特炒鸡蛋'啊。"凡尔纳开心地随着胖绅士去了他家，进入一个大庄园，见到很多作家正在家里等着拜访，才知道这位胖绅士就是《三个火枪手》的作者——著名小说家大仲马。大仲马发现凡尔纳很有创作天分，就耐心指点他，并且开始与他合写戏剧，为他走上文学之路创造了有利条件。在大仲马的影响下，凡尔纳专心致志地投入到诗歌和戏剧写作中。在巴黎，他创作了二十多部剧本和一些充满浪漫激情的诗歌。后来，凡尔纳与大仲马还合作创作了剧本《折断的麦秆》，在各大剧院上演，这些都标志着凡尔纳在文学界取得了骄人的成绩。

想一想，如果凡尔纳没有及时抓住向大仲马学习的机会，他在法国文坛的崛起可能会延后或者困难重重。所以，学会抓住机会是多么重要啊。实际上，这个世界从来就不缺少机会，真正缺少的，是发现机会的一颗敏锐的心。

 **3** **没机会，就要学会自己创造机会**

豆豆这几天一直为一件事儿发愁，就是他参加了话剧社团，最近几天话剧社正排练《茶馆》，他想扮演耿直善良一身正气的常四爷，而老师则让他出演无所事事爱玩鸟的松二爷。豆豆对松二爷这个形象无感，在排练时无法真正进入角色。

周末的清晨，爸爸从医院值完班，刚回到家，豆豆就急着把自己的小心思说给爸爸。爸爸问："豆豆，既然你特别想扮演常四爷，你向话剧社辅导老师争取过吗？"

"只争取过一次，简单说了一下，就再也没提。"豆豆小声说。

"豆豆，爸爸再问你几个问题：既然你想演常四爷，那么常四爷的台词，你都熟练背诵了吗？你能准确揣摩出常四爷的心理、动作、语调吗？常四爷在《茶馆》中可是个举足轻重的角色，特别是他有一句经典台词——我爱咱们的国呀，可是谁爱我呢？你能传达出那种绝望无助、声嘶力竭的感觉吗？"

听了爸爸的发问，豆豆觉得自己做得很不够，他只想演常四爷这个角色，还真没有认真琢磨常四爷的言谈举止……

"儿子，如果真正喜欢这个角色，就在电脑上找到《茶馆》话剧的视频，好好钻研揣摩一下人物形象，投入到当时那个社会背景中去。准备充分后，过两天去找辅导老师，把常四爷演给老师看，我相信你会成功的！没有机会，咱就要努力创造机会。"

"嗯，爸爸，我懂了，我要去积极创造机会，主动出击，加油！"豆豆就像打了鸡血一样兴奋。

豆豆爸爸问："还会背诵诗人陈子昂的那首流传千古的诗吗？"

"《登幽州台歌》——前不见古人，后不见来者。念天地之悠悠，独怆然而涕下。"豆豆摇头晃脑地背了出来。

"记得爸爸曾给你讲过的'陈子昂摔琴'的故事吗？那个故事说的就是要积极创造机会。好了，再来回顾一下那个故事吧。"

话说唐代诗人陈子昂，曾经非常机智地给自己创造了一个与众不同的机遇。陈子昂年轻时，从自己的家乡四川跑到繁华的都城长安，准备大显身手，实现自己的抱负。可是，才华横溢、满腹经纶的人太多了，被提拔的机会却很少很少，再加上初来乍到，还没结识什么达官贵人，没人举荐自己，陈子昂特别苦恼，就借酒消愁。

有一天，陈子昂在大街上闲逛，看到在长乐坊街头，一群人围着一个卖胡琴的人讨价还价："这把琴再好，也不值一千两银子，简直是打劫啊。便宜一点，五百两！"可是无论怎么央求降价，卖主就是咬定一千两，很多人就摇头放弃了，站在一边看热闹。陈子昂默默观察着四周，发现人群中有好几位达官贵人，他觉得机会来了，就很爽快地买下了这把琴。这让那些围观者大吃一惊："连砍价都不用，这小子发疯了吗？"陈子昂并不辩解，只大声告诉那些人："明天，我会在住所里弹奏这把琴，想要知道原因的，就来一探究竟吧。"

第二天，很多人涌进了陈子昂的住所。他拿起琴，悲愤地说："我陈子昂一身的才华却无处施展，来长安之后，没有人欣赏我的诗词。眼前这么名贵的琴本应该是宫廷乐工弹的，我们这些没有任何功名的人真的不配拥有这把琴。"说完，他猛地举起那把琴，狠狠地摔在地上。在众人目瞪口呆之际，陈子昂拿出自己的诗词分发给大家。经过他这么一折腾，很多人对他的诗词感到好奇，便仔细读起来。人们发现，他的诗词很工整，而且很有自己的想法。就这样，陈子昂"摔琴"的故事被传到朝廷里，很多权贵纷纷举荐他，他渐渐名扬天下。

豆豆爸爸总结说，平时，我们经常会抱怨机会太少，感叹机会还没轮到自己就被别人抢走了。很多时候，犹豫不决会阻碍个人发展，不如积极主动地出击，去寻找，去创造。

努力才能得到机会，如果别人不给你机会，你必须为自己创造机会。哪怕别人不给你展示的机会，你也要想方设法创造机会，永远不要站在原地傻傻地等待机会的降临。

作为一名学生，不光要把学业搞好，还要培养一项或几项爱好，更好地提升自己，这样，机会终有一天会出现的。现实生活中，很少有人会主动给你提供机会，除非你有强大的实力，并且特别努力，愿意踏踏实实地做事。没有足够的能力，机会来了也只会悄悄地溜走。

4 机会转瞬即逝，最好不拱手让给别人

这几天下午放学之后，豆豆和朵朵变得孤单了许多。以前兄妹俩回到家，爸爸妈妈早就端上了可口的饭菜。最近，爸爸妈妈都很忙，经常在单位加班，豆豆和朵朵连晚饭都吃不上，只好自己动手了，做最简单的饭菜——煮面条、

炒鸡蛋、炒土豆丝。炒鸡蛋时，慌忙之中，豆豆把酱油倒进了油锅，朵朵在旁边打趣道："小哥哥，第一次听说有酱油炒鸡蛋啊，颜色变成黑乎乎的啦，肯定不好吃。"

"先凑合着吃吧，以后抽空咱俩跟着爸妈学习一下如何炒肉丝啦，炖排骨啦，这样爸妈下班回家也能吃上现成的饭菜啊。"

晚上9点多，妈妈带着一脸疲倦回到家。朵朵说："妈妈，你快歇歇吧。"豆豆赶紧倒了一杯牛奶，递给妈妈。

妈妈很欣慰，又有点歉意："有你们这么懂事的孩子，再苦再累都值得。最近爸妈工作忙，都没时间好好照顾你俩，希望你们理解爸爸妈妈。这一次爸妈在工作上都遇到了好机会，所以想好好把握住，不想把这次提升的机会，拱手让给别人。"

其实豆豆和朵朵都知道，爸爸妈妈都是单位的业务骨干。爸爸是外科主治医师，为了能够抓住这次去北京医科大学进修的机会，爸爸前天晚上做完一台手术之后，就乘坐高铁连夜赶往北京了。妈妈在设计院里也接到了新项目，设计图又必须赶快上交，不得不在单位加班加点，查找许多资料，和同事对接信息。这样一来，

豆豆和朵朵就成了"临时留守少年"。

"妈，我和哥哥会好好学习的，您和爸爸就放心工作吧，你们辛苦啦。"朵朵扳着妈妈的肩膀，撒娇地说。

"没关系，虽然很累，但是却把握住了一次好机会。恰巧我比较熟悉这个课题，如果把机会拱手让给同事，我晋级的机会又要往后推两年了。你爸爸也是这样。本来去北京医科大学进修的医生并不是他，但因为他的同事前天意外摔伤了，所以你爸爸才有机会顶替同事去学习。"

"妈妈，我想问问您，最近只要有空，您就通过手机听名家朗诵，一边干家务活一边练习发音，您这是还要参加什么文艺活动吗？"朵朵不解地问。

妈妈笑笑说："啥事都瞒不过你这个小丫头。是啊，过几天，妈妈准备参加我们设计院主办的主持人选拔大赛。妈妈小时候的梦想就是做一名配音演员，上小学和初中时，经常参加演讲和朗诵比赛，得了很多奖，想着高考时去报考影视配音专业呢。可惜读高一时，因为一次严重的感冒，患上鼻窦炎，影响到发声，也就放弃了做配音演员的梦想。后来我考上了园林设计院，毕业工作之后，忙忙碌碌，很少再去想什么配音演员的梦了。但自从看了央视的《朗读者》，我想做个业余的主持人也不错嘛，我还参加了读书会，等

完成这个新项目，我就去做读书分享。"

"妈妈，我第一次听说您也想当个配音演员。"朵朵一边晃动着脑袋，一边大喊，"妈妈加油！"豆豆和朵朵伸出了右手，做了个比心动作。妈妈拍着兄妹俩的肩膀，开心地笑了。

"妈妈，您一定会实现梦想的。"兄妹俩说。

妈妈郑重地说："很多机会错失了之后，很难再次拥有。在不同的年龄阶段，想法也不一样。做事要谨慎，认准的事情，要全力以赴去做，无论是否能够实现梦想，只有好好努力把握机会，才不会留下太多的遗憾呀。"

5 机会总青睐那些有准备的头脑

初秋的天空湛蓝高远，阳光是那么明媚。周一下午，由学校少先队发起的"优秀毕业生回母校汇报"活动开始了。梅老师高兴地说："汇报团里有一位小姐姐叫王怡然，今年读大二啦。她是我的学生，小学五六年级时，一直在我班里，学习很棒，而且特别懂事。孩子们，你们要认真听师姐做报告，听完之后，要在班级里分享一下感受。"

在偌大的报告厅里，前两位来自北大的师哥师姐做了精彩的励志分享，接着王怡然小姐姐做了题为"机会总会青睐那些有准备的人"的报告。她先从小学生活谈起，谈到母校对自己的精心呵护和培养，更谈到自己在大学里的奋斗拼搏……王怡然扎着长长的马尾辫，声音就像电视台的主持人一样清脆甜美。她的汇报赢得了台下的小师弟小师妹们热烈的掌声。

　　王怡然在大学里的学习生活堪称典范。她家庭不富有，父母都是下岗职工，爷爷奶奶常年卧病在床。考上浙江大学新闻传播学院之后，看到周围同学都是那么优秀，她感受到了巨大的压力，她要奋起直追，迎头赶上。课堂上，她总是坐在教室最前排，勤学善思，虚心请教，主动与老师、同学交流学习心得，并认认真真撰写教授们布置的论文课题；课余时间，除了在学校附近的餐馆打工之外，她还到图书馆做义工，完成一些义工任务之后，就泡在图书馆看书做笔记。大一大二两年来，她读了300多本书，读书笔记达18万字。除了通过读书提升自己的内涵外，她还积极参加歌咏、演讲、写作等比赛，以提高自己的语言表达和交往能力。在紧张的学习之余，她多次骑单车游览杭州，在西湖边欣赏独特的风景；她还逛遍了杭州的各个大学城，见识了各所高校不同的校园文化。读万卷书，行万里路。她游览了扬州、苏州、杭州、上海等景点，不光领略了江南的风景与文化，还顺便采访了许多游人，为以后的采访打下了坚实的生活基础。

　　王怡然的梦想是做一名记者，关注百姓的喜怒哀乐。为此，她加入了校报记者团，时刻留意大学生的思想状态，写新闻报道、人物通讯、散文小说等，在校报上发表文章200多篇。经过大一的坚强拼搏和锻炼，大二时，她成功竞选为校报的副主编。为了更好地提升自己的业务能力，除了参加学校内的素质拓展活动外，她还十分注重实战经验。为了让自己对媒体行业有足够多的了解，为了寻求一个见习的机会，寒暑假时，她就到各大报社去毛遂自荐。

机会是留给有准备的人的，而时刻准备着的王怡然终于迎来了华丽绽放的时刻。大三的第二学期，新闻学院请来了新华社驻杭州站的知名记者来做讲座，在最后的互动环节，王怡然鼓足勇气问记者老师能否给她一次实习的机会，那位知名记者很欣赏王怡然。就这样，王怡然获得了去浙江卫视新闻频道采访部实习的机会。实习期间，她踏实能干的性格，犀利老练的文笔给老师们留下了深刻的印象。

听完了王怡然的报告，同学们回到班级，叽叽喳喳展开了热烈讨论。

"怡然姐姐真聪明啊，为了梦想，时刻准备着。"

"怡然姐姐告诉我们，要不怕困难，奋力拼搏。"

"每一步的付出都是为了离梦想更近一点儿，坚持下去。"

"想要成功，就必须磨炼意志；培养实力，机会就会不请自来。"

……

六、这样做，你也能成为妥妥的学霸

 **1** **不做"毛毛虫效应"的追随者**

　　校园里的紫藤花开了，紫色的花儿连成片，瀑布一样从花架上倾泻下来，整个校园都弥漫着清香。下课后，朵朵在紫藤花架下荡秋千。这时，好朋友肖芳走来，急切地说："仙女学霸，快告诉我，你买了哪些语文和数学试卷，我也让我爸妈给我整几套试卷。"

　　朵朵笑嘻嘻地说："小姐姐，你每次都问我做哪些试题，我真的没多做

什么试卷，只是按照老师布置的任务，仔细去做了。"

肖芳不高兴地说："问你好几次，你都这样说，学霸怎么这么小气啊！就给我说说你的考试秘密武器呗，我保证不传出去。"

朵朵耸耸肩，很无奈地说："我只是把老师发的试卷多做了几遍而已，比如数学题，做第二遍第三遍时，我运用了好几种方法解决，这叫举一反三法。"

"哎，老师整天提醒我们要开动脑筋，举一反三，但是我总觉得只要多向学霸请教，一定会有更好的捷径。"

朵朵说："学习要有适合自己的方法与技巧，别人的法子不一定适合你啊。比如我喜欢早上晨读时提前二十分钟到学校背诗词和小古文，你做到了吗？你都是差不多晨读铃声快响时，才急匆匆赶到班里。"

"还记得老师让我们在寒假读法布尔的《昆虫记》吗？"朵朵一脸郑重，问肖芳。

"嗯嗯嗯，神奇的虫子世界。"肖芳不住地点头。

"你知道法布尔做过一个毛毛虫实验吗？"朵朵见肖芳摇摇头，不等她发问，就直接耐心解释起来。

把许多毛毛虫放在一个花盆的边缘上，使其首尾相接，围成一圈。在花盆周围不远的地方，撒了一些毛毛虫喜欢吃的松叶。毛毛虫开始一个跟着一个，绕着花盆的边缘一圈一圈地走，一小时过去了，一天过去了，又一天过去了，这些毛毛虫还是夜以继日地绕着花盆的边缘在转圈，一连走了七天七夜，它们最终因为饥饿和精疲力竭而相继死去。法布尔在做这个实验前曾经设想，毛毛虫会很快厌倦这种毫

新时代好少年成长读本

无意义的绕圈而转向它们比较爱吃的食物，遗憾的是毛毛虫并没有这样做。毛毛虫习惯于固守原有的本能、习惯、先例和经验，无法破除尾随习惯而转向去觅食。后来，科学家把这种喜欢跟着前面行走者的路线行走的习惯称为"跟随者"的习惯，把因跟随而导致失败的现象称为"毛毛虫效应"。

毛毛虫那种毫无意义的绕圈所导致的悲剧还说明：如果沿着一个错误的方向，老是跟在别人后面走，可能会付出很多无谓的努力。只有找到一个新的方向和思路，才能有更多的收获。

日常生活中，很多人常常犯"毛毛虫的错误"，对于那些轻车熟路的问题，会下意识地重复一些现成的思考过程和行为方式，这样就很容易产生思想惯性，也就是不由自主地依靠既有的经验，按照固定思路去考虑问题，而不愿意转个方向或者换个角度想问题。

清朝"扬州八怪"之一郑板桥，自幼酷爱书法。他临摹过古代著名书法家的各种书体，经过一番苦练，终于和前人写得几乎一模一样，能够乱真了。但是大家对他的字并不怎么欣赏，他自己也很着急，比以前学得更加勤奋，练得也更加刻苦。

一个夏天的晚上，郑板桥和妻子坐在外面乘凉，他用手指在自己的大腿上写起字来，写着写着，就写到他妻子身上去了。他妻子生气地把他的手打了一下说："你有你的身体，我有我的身体，为什么不写自己的体，却写别人的体？"

郑板桥猛然从这句话中受到启发：各人有各人的身体，写字也各有各的字体，本来就不一样嘛！我为什么老是学别人的字体，而不写自己的字体呢？即使能写得和别人一样，也不必盲从别人的字体，没有自己的风格，又有什么意思?

从此，郑板桥博采各家之长，以隶书与篆、草、行、楷相杂，用作画的方法写字，终于形成了雅俗共赏的"六分半书"，也就是人们常说的"乱石铺街体"，成了清代享有盛誉的书画家。

我们遇到问题时，都应该根据自身的特点和专长，找出最适合自己的解决方法。在学习和生活中，唯有不断钻研与创新，不刻意模仿别人，而是另辟一条属于自己的路径，才能"百尺竿头，更进一步"。

听了朵朵的耐心讲解，肖芳终于意识到自己的不足。是啊，每个人都是独一无二的，学习方法也各有千秋，一味模仿别人，就会失去自己的特点。

2 考试，我叫"不紧张"

期中考试开始了，上午考语文，可是考场上，梅老师却发现徐子琪脸色煞白，眉头紧皱。梅老师悄悄走到徐子琪跟前，关切地问："哪里不舒服吗？"

"老师，我头晕、心慌、肚子疼，好难受。"徐子琪趴在了桌子上。梅老师看徐子琪很痛苦的样子，就扶着她先去学校医务室检查。医生仔细检查了一遍，说："并无大碍，可能是考前没休息好吧？"但是徐子琪一个劲地呻吟，豆大的汗珠从脸颊上滚落。梅老师慌了，赶忙给徐子琪妈妈打电话，让她来学校，带徐子琪去医院检查一下。徐子琪妈妈来

到学校，很着急："是因为没吃早饭吗？不至于这么严重，怎么刚开始考试就发病了？关键时候掉链子啊。"徐子琪蔫巴巴的，就像枯萎的小草。

去了医院，做了肠胃检查，并没有发现任何问题。在家卧床休息了一天，无论妈妈怎么劝说，徐子琪都不想到学校上课，只想再多休息几天。妈妈也担心徐子琪身体有什么大毛病，就去省立医院挂了专家门诊，又细致地检查了一遍，并没有什么病症。妈妈给班主任梅老师打电话。梅老师对徐妈妈说："子琪也许是患上了'考试综合征'呢。你带徐子琪来学校吧，咱们一起带着她去心理咨询室找黄老师聊一聊。"

还真让梅老师猜到了。在心理咨询师黄老师的耐心询问之下，徐子琪慢慢吐露了自己对考试的恐惧心理。在平时的学习中，徐子琪特别勤奋。她的爸爸妈妈非常在意她的分数，每到考前，就叮嘱她一定要好好考试，考出个高分，给弟弟做个好榜样。于是徐子琪就特别担心自己发挥失常，怕考砸了

辜负爸妈的期望。在考场上，见到有些试题没复习到，她就觉得大脑一片空白，还会头晕、心慌、喘不过气来。

黄老师看看徐子琪妈妈，说："作为家长，您对孩子期望值过高且单一，造成孩子心理压力大，再加上孩子本身对自己的要求较高或心理素质不稳定、心理承受能力欠佳、信心不足等，就出现了'昏场'现象，希望您注意一下。"

接着，黄老师详细地分析了考试综合征的特点与应对策略。

考试综合征是考生由于心理素质差、面临考试情境产生恐惧心理，同时伴随各种不适的身心症状，导致考试失利的心理疾病。当然也与本人的性格、

体质有关系。如不及时纠治，可形成恶性循环。主要表现为：手指震颤、头昏脑涨、全身出汗、两手发抖、尿急尿频、大脑一片空白、失眠、头痛、胸闷、心悸、注意力不集中、记忆力减退、食欲差、胃肠不适、便秘、腹泻、胸闷、心悸、睡后易醒、嗜睡、全身无力、习惯性情绪低落……考试是人类现实生活的一门必修课，也是接受社会化学习和教育的途径。孩子从容应考是其成功的必备心理能力。

同学们应该如何调节考试前的焦虑情绪呢？

（1）进行积极的自我暗示。在考场上拿到试卷后，当出现紧张恐惧情绪时，要给自己以强有力的自我暗示，如"我能行""我一定能够成功""我看好我自己"等。积极的自我暗示，可以增加自信，克服焦虑。

（2）考试前一晚可以做适量的运动。运动可以使精神放松，心情愉悦。考试前一晚，当感到有点压抑时，索性什么都不要去想，晚饭后去跑跑步、打打球等，不仅锻炼了身体，而且能有效地缓解恐慌情绪。

（3）情感宣泄。考试之前，可以把紧张、焦虑的心情讲给爸爸妈妈或同学，让自己的内心得到调整。或者找一个适宜的地方，放声大哭或大笑，以宣泄自己内心的焦虑。

（4）试试音乐催眠法。考试前一晚，如果不想再复习，不妨静下心来听听音乐。音乐犹如一缕清风拂过你的心灵，会让人感到无比舒适和惬意。

（5）保证充足的睡眠。睡眠充足是减轻考前紧张的重要方法之一。这可能不易办到，因为紧张常使人难以入眠。但睡眠愈少，情绪将愈紧绷，就可能做噩梦，更有可能发病，因为此时免疫系统会变弱，导致身体虚弱，出现头昏脑涨等症状。

听了黄老师的分析，徐子琪的妈妈很后悔对女儿的要求过于严厉了，她决定以后要帮助女儿走出考试焦虑的状态。接着，黄老师又向徐子琪提了一点建议。

做题没思路，很大程度上是因为没研究过以前的题是怎么做出来的。耐心听老师讲解比自己看答案的收获要多得多。每次考后要思考总结自己做过的题，千万不要满足于已有的答案，要清楚答案从何而来。

为什么会在考场上出现发挥失常的现象呢？这种情况大多数是因为平时对自己的要求低于考试标准，比如做作业用时太长，或者很少翻看笔记资料等。要想取得好成绩，首先要养成合理利用时间的习惯，在做章节练习时，对每一题分配相应的时间，尽量在规定时间内完成，最后才对答案，快速发现自己的问题所在，在最短时间内予以弥补或矫正。第二要精简课外习题册，盲目地刷题其实并不是好办法，最后搞得精疲力竭，成绩还不见提高。要巧订学习计划，严格执行。

3　千万不要积懒成笨

　　周一上午第二节课，梅老师上语文课时，检查生字词和课文背诵。提问到严小飞时，他懒洋洋地站起来说："不会。"

　　梅老师没有再三追问什么原因，也不想在课堂上批评严小飞而影响课程的进度，所以就说："下课后，你来办公室吧。"等大课间时，严小飞却迟迟不来。派学生去叫，其他学生回答："严小飞正在楼下和几个同学打打闹闹，玩得正高兴呢。"梅老师只好让学生去楼下喊严小飞。

　　不一会儿，严小飞来了，顶着一头的汗，看来刚刚玩得很疯。梅老师问他为什么不按时来，严小飞没说话。梅老师又让他背诵刚刚学过的课文的第一段，这段文字只有两句话，但是严小飞很不耐烦："我背不过啊。"

　　梅老师说："这两句话并不很难，三五分钟就能背诵下来，很多同学能当堂背诵全文呢。现在只让你背一段，刚才又给你课下时间准备，怎么还不行呢？你这可是真的又懒惰又不爱动脑了吧？"

　　严小飞不假思索地脱口而出："我就是特别笨。"

　　梅老师有点无可奈何，问题是他根本不笨！每一次下课时，严小飞出教室最快，和同学说说笑笑，反应敏捷，显得特别机灵的样子。现在他为了应付老师，竟然说自己笨，这让梅老师又好气又好笑。

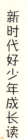

梅老师觉得有必要好好讲一讲这件事了。趁着下午第三节班会时间，梅老师给学生们开了一个主题班会：你千万不能"积懒成笨"。学生们很好奇，哎呀，懒惰还会导致一个人变笨吗？

梅老师说："一个人长期懒下去，头脑就变得不灵活了，不愿意动脑筋了，这就是所谓的'积懒成笨'呀。想一想是不是这个道理？"同学们陷入了沉思。

懒惰是怎样养成的呢？即使老师刻意布置很少的作业，仍然会有学生完不成。当老师催问他们为什么不完成作业时，他们或者眉头紧锁默默沉思，或者瞪起大眼睛一脸无辜，甚至痛下决心、信誓旦旦地表示"一定会按时完成作业"，但第二天仍然没交作业，也没有完成其他的课堂任务……差不多周而复始啊。

有的同学放学回家就只想玩，丢下书包完全不管作业，得被再三催促才拿出作业本。好不容易坐下来了，不是拿着笔抓耳挠腮，就是对着书本发呆。问怎么回事，回答说："不会做。"其实在上课的时候，老师已把知识点讲解得非常透彻了，学生听懂了，也就以为掌握了。殊不知如果缺少了及时复习、思考和作业的环节，知识是不会被真正吸收的。孔子说："温故而知新，可以为师矣。"越聪明的学生，越懂得课后学习的重要性。平时辅导作业的时候，很多爸妈习惯了"陪读"，有的始终在旁边指点督促，有的实在看不下去，直接动手帮着完成作业。爸妈的过度干预，会让学生觉得学习不是自己的事，反正做错了有人帮忙修改，不做了有人代劳，考差了还有人帮自己找借口。没有责任心的孩子

不会把学习当作自己的事，也就习惯了偷懒，不动笔，不动脑，也不学习。

　　有些学生觉得做作业无所谓，已经不想积极动脑、动手解决问题，进入了茫然的状态。其实，他们也很想努力表现，给老师留下好印象。但是，美好的愿望战胜不了懒惰的习惯，在稍微努力之后，他们发现每天都坚持完成作业"太累了"，于是，重新进入大脑"休眠"状态，与作业"消极对抗"。你和他说别的，他也说也笑，只要一提学习，整个人就会变得呆呆的。一次、两次好像没关系，三次、四次好像对学习没什么大影响，可是在这一次次的放纵中对学业失去了兴趣，懒惰的习惯已经养成，就真的变"笨"了，会严重耽误学习和生活。

 4　自律的孩子，才会更优秀

　　快期中考试了，梅老师让同学们总结一下最近的学习情况。同学们纷纷上台发言。

王淑田说："最近学得挺扎实的。语文课本上要求背诵的内容都背过了，数学随堂练习题都会做了，而且我还阅读了小古文100篇，能背诵60多篇。"

饶怡宸说："除了掌握课本知识以外，课余时间我参加了英语角，现在我的英语词汇量超过3000了。"

朵朵说："课内要求的还算行吧，我参加了话剧社的排练，节目马上就要在校园艺术节上表演啦。"

李佳洋说："除了上课认真学习之外，我参加了校园足球队，上周去踢比赛了，我们获得了区冠军！"

"学霸就是厉害！"同学们在下面点赞。

梅老师微笑着说："这几位同学都做得很不错，这是主动积极学习的表现，也是一种自律。"

"什么是自律？怎么才能自律？老班，你快给我们讲一讲吧。"很多同学迫不及待。

梅老师开始娓娓而谈。

自律是什么？就是一种自控力。

"作业周一交，周末晚上再做也不迟。""爸妈还没催，我再多玩会儿手机。""没事儿，我再睡十分钟，上学应该不会迟到。"一些有拖延症的学生喜欢这样劝慰自己。明明有一大堆作业要做，总是管不住自己，多玩一会儿，翻箱倒柜找吃的，玩手机，看电视，时间就这样一点一点地过去了。到了实在不能再拖的时候，才猛然醒悟，奋笔疾书，最后草草了事……这些

都是缺乏自制力的表现。

对大多学生来说，很难做到自律。做事常常缺乏计划，想到什么做什么，而且做事往往没做完就不做了，不能有始有终，这都很不利于自身的成长。

演员海清在微博上发了她和儿子的对话——

海清：儿子，我陪你出去踢会儿球？

儿子：写完作业再去。

海清：踢完球再写？

儿子：写不完。

海清：写不完，明天写。

儿子：明天还有明天的。

网友纷纷留言点赞：确认过眼神，是个自律的"霸道总裁"。

当别的孩子在玩耍时，这个孩子在规划时间、自律地完成给自己定的目标。一个学生有严格的自律意识，去完成作为学生该完成的任务，按时写完作业，将来长大后，他会对工作自律，会对自己的人生自律。

当一个人想改变现状时，就会从内心产生一种坚定的意志力。这种来自内心的推动力会清晰地告诉自己想要什么，并且会让自己更加积极地行动，也能更加自我约束，不被欲望所控制。

有时我们会羡慕别人是多才多艺的学霸，总觉得他们拥有特别好的学习环境，成功是理所当然的。但实际上他们大多数人和我们一样，只不过他们学会了自律。

那么如何才能培养自律的好习惯呢？可以从以下方面要求一下自己。

（1）找榜样，效仿模范典型。

同伴往往是学生们模仿的直接对象。在课堂和集体活动中，多观察一些表现好的学生，看看他们是如何尊敬老师、遵守纪律、认真听课、按时完成作业的。找到榜样，结成互助对子，激发积极性、主动性，用榜样的力量激励自己遵守纪律，规范自己的言行。

（2）高效利用和管理时间。

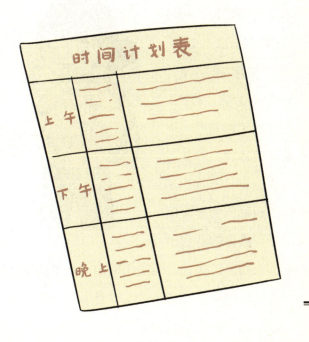

培养自律的习惯，就需要养成有效管理时间、高效利用时间的好习惯。要遵循时间计划去做事，制订时间表。比如做一件自己不太愿意做的事情时，首先设定一个完成时间，在这个规定时间内做完后，剩下的时间就可以自由支配。

梅老师讲了好多好多，学生们都暗暗下定决心，要学会自律，做个了不起的人。梅老师最后总结说："做一个自律的小孩吧。在追梦路上，大家携手前行，相互督促，相互学习，这样才能变得更加优秀。"

校园小记者演讲大赛要开始了，各班参赛选手都在积极备战中，朵朵也报名参加了比赛。晨读40分钟，朵朵一口气背下来那篇1000多字的演讲稿，惊得同桌下巴都快掉了，眼睛瞪得大大的，对朵朵更加敬佩了。

晨读课结束后，同桌对朵朵说："哎呀，你怎么这么厉害，1000多字的稿子，这么快就背下来了，你真成了神童啦。"朵朵笑着说："哪里哪里，我只不过是掌握了记忆的黄金时间罢了。给你看看我的

秘密武器。"说完，变戏法似的，从桌洞里掏出一本书，名叫《学会有效记忆法》。同桌拿过来，就像捧着宝贝一样，左看右看。

朵朵说："请打开第26页，读一读第二章的内容——'利用记忆的黄金时间'。读完之后，你再慢慢地练习，一定也会有超级棒的记忆力。"

同桌赶紧翻到第26页，只见上面写道：良好的记忆力，能让学生在有限的学习时间内很快记住所学知识。一天中，有四段最适合记忆的黄金时间。掌握好，将会终身受用。

第一段黄金时间是6点到7点。这是早自习的时间，一般同学们可以利用这个时间段背语文课文或者英语单词，因为大部分学校都会安排早自习，这个时间也是大脑最清醒的时刻，最适合用来背书了。

第二段黄金时间是8点到10点。这段时间在午饭前，是处于兴奋状态

的一个时间段，还没有出现疲劳的状态，所以也是比较适合背书的，可以找一些需要背的科目，每天固定安排一个科目，这样养成习惯以后背书效率也会有很大的提高。

第三段黄金时间是晚上6点到8点。这一般是晚自习的时间，可以利用这段时间复习当天学习的内容，回忆背过的课文或知识点，进行巩固记忆。这时思维是比较清晰的，也是黄金记忆时间，要好好利用。

第四段黄金时间是晚上9点左右。这时特别适合背书，记忆效果也奇佳，无论是背书还是做题，思路都是最清晰的，记忆会特别牢固，建议很好地加以利用。

以上几个时间段是最适合背书的，在这4个时间段，大脑往往处于最活跃的状态，比其他时候背书要有效。所以，如果要提高学习效率，最好在大脑最活跃的时候背书，然后在其他时间段做题，同时注意劳逸结合。

等同桌看完以上的内容之后，朵朵告诉她："我在另一本书上看到，背书时，可以先给自己制订一个计划，每天在固定的时间做固定的事情，养成习惯以后，学习效率就会大大提高，同时也省去了每天思考要学哪科的烦恼，

节约了时间。背书也要讲究方法和窍门，要有效率，最好别去死记硬背，可以用联想、想象、谐音等多种方法，只要方便自己记忆就行，背下来才是最重要的，至于到底采用哪种方法，就不是那么重要啦。"